教育部人文社会科学项目“纵向数据下农户农业技术采用行为研究（14YJC790099）”
中央财政科技计划专项“国家现代农业(柑橘)产业技术体系(MATS)”(CARS-26-08B)资助

农户农业技术采用行为研究

NONGHU NONGYE JISHU CAIYONG XINGWEI YANJIU

宋金田◎著

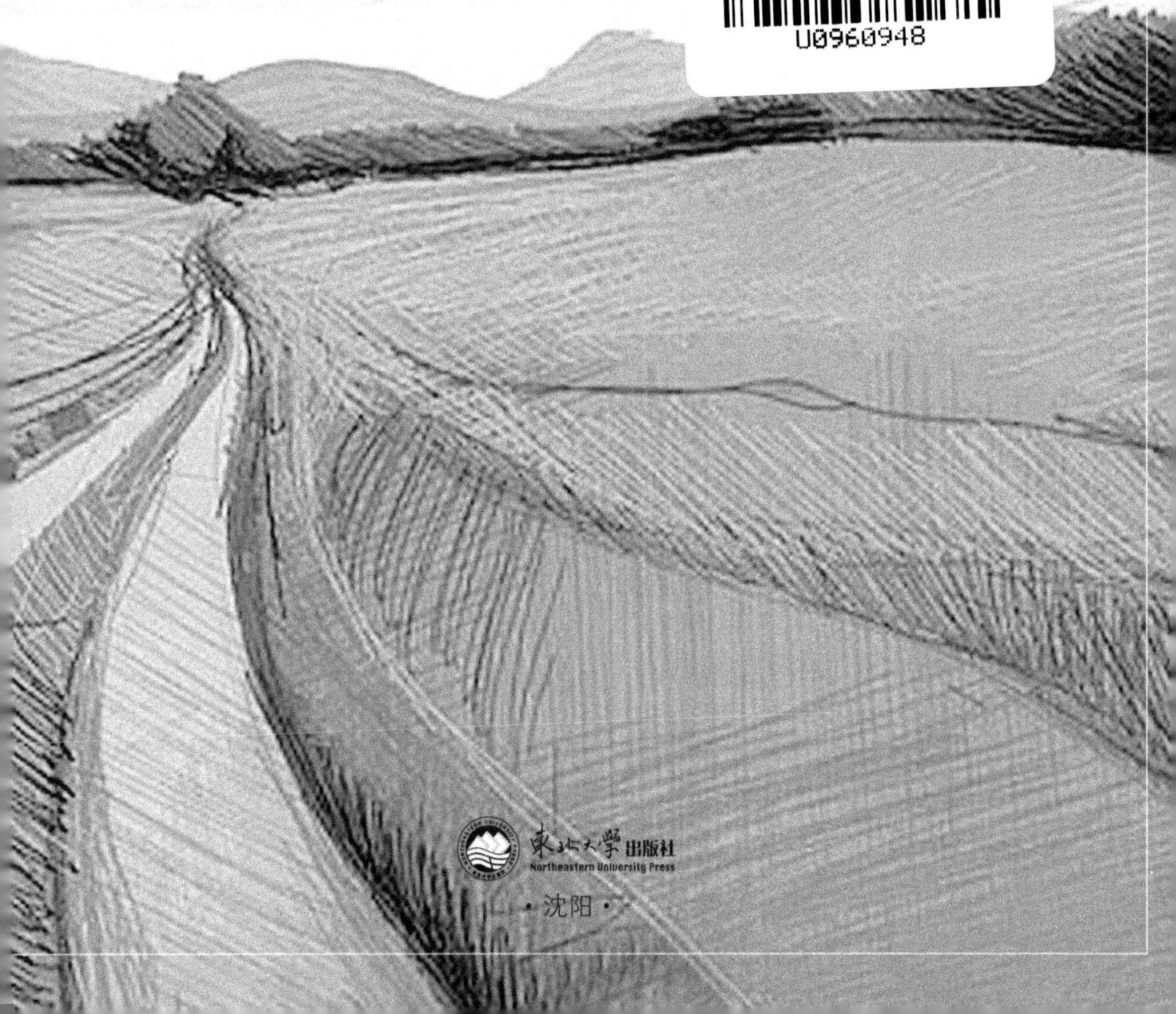

東北大學出版社
Northeastern University Press
·沈阳·

图书在版编目（CIP）数据

农户农业技术采用行为研究 / 宋金田著 . -- 沈阳：东北大学出版社，2020.12
ISBN 978-7-5517-2581-1

Ⅰ . ①农… Ⅱ . ①宋… Ⅲ . ①柑桔类—果树园艺—研究 Ⅳ . ① S666

中国版本图书馆 CIP 数据核字（2020）第 238837 号

出 版 者：东北大学出版社
地址：沈阳市和平区文化路三号巷 11 号
邮编：110819
电话：024-83687331（市场部） 83680267（社务部）
传真：024-83680180（市场部） 83687332（社务部）
网址：http: //www.neupress.com
E-mail: neuph@neupress.com
印 刷 者：广东虎彩云印刷有限公司
发 行 者：东北大学出版社
幅面尺寸：170mm × 240mm
印　　张：11.75
字　　数：144 千字
出版时间：2020 年 12 月第 1 版
印刷时间：2020 年 12 月第 1 次印刷
责任编辑：潘佳宁
责任校对：禹　丹
封面设计：汤　丽

ISBN 978-7-5517-2581-1　　定　价：98.00 元

前 言

农业技术是农业产业升级、提高农业生产效率、促进传统农业转变和实现农业可持续发展的关键所在，是确保农产品供应同时突破资源约束的重要支撑和必然选择。农户是农业技术的采用主体，农业技术只有被农户认知、接受并应用于农业生产实践中才能转化为现实生产力。本书以柑橘绿色管护技术为研究对象，以江西省赣州地区柑橘种植农户调研数据为支撑，在分析农户柑橘绿色管护技术采用过程及经济机理分析的基础上，构建了农户农业技术采用分析框架，对农户农业技术认知、农户农业技术采用强度、农户农业技术联合采用、农户农业技术采用及连续采用、农户农业技术采用绩效等问题依次展开了研究，主要研究结论概括如下。

（1）整体来看，82.70% 的农户对柑橘绿色管护技术有一定的认知，但不同禀赋的农户在柑橘绿色管护技术认知上存在着明显的差异。受教育程度高、年轻、种植面积大的农户对柑橘绿色管护技术的认知显著高于其他农户。农户受教育程度高、担任村干部、种植面积大、加入合作社、参加过柑橘绿色管护技术宣传与培训等因素对农户柑橘绿色管护技术认知有显著的正向影响。农户年龄大、农户对食品安全评价低则对农户柑橘绿色管护技术认知有显著的负向影响。

（2）农户户主特征是影响农户采用柑橘绿色管护技术的重要因素。年龄越大的农户采用该技术的积极性越低；而受教育程度越高的农户采用该技术的可能性越大；柑橘种植经验也会提高农户采用该技术的积极性。农户生产特征会显著影响农户采用柑橘绿色管护技术。种植面积越大的农户越愿意采用更多的柑橘绿色管护技术；而种植柑橘收入占家庭收入比重对农户采用该技术也有正向影响。相对于没有信贷渠道的农户，拥有信贷渠道的农户更倾向于采用更多的柑橘绿色管护技术。农户信息认知特征会影响到农户采用柑橘绿色管护技术，其中农户对生态环境关注程度、农户参加培训对其采用柑橘绿色管护技术都有正向影响。

（3）农户采用物理防控技术与生物防控技术存在互补效应，受农户特征、家庭特征、生产特征、认知特征的影响。在农户采用物理防控技术方面，户主年龄对其有负向影响，而户主受教育程度、柑橘收入比例、兼业情况、参加技术培训、化学农药过量施用危害认知程度及柑橘绿色管护技术有用性认知对其有正向影响。在农户采用生物防控技术方面，户主年龄、兼业情况对其有负向影响；受教育程度、参加技术培训、化学农药过量施用危害认知、柑橘绿色管护技术有用性认知对其有正向影响。

（4）农户采用病虫害综合防治技术的比例较高，但存在放弃使用的情况，具体而言采用过该技术的农户中有 34.59% 不继续采用该技术。影响农户采用及连续采用病虫害综合防治技术的因素存在差异，影响农户采用因素有农户户主年龄、户主受教育程度、柑橘种植面积、柑橘收入占家庭收入比重、农户户主政治地位、病虫害综合防治技术有用性认知；而影响农户连续采用该技术的主要因素有农户户主年龄、户主受教育程度、柑橘收入占家庭收入比重、病虫害综合防治技术有用性认知、技术培训。

（5）运用最邻近匹配法计算了柑橘绿色管护技术采用对农户生产绩效的影响，结果表明柑橘绿色管护技术对农户生产绩效有正向影响，但这种影响并不显著。同时运用半径匹配法和核匹配法进行稳健型检验，结果显示，采用不同的测算方法结果存在一定差异，但影响方向和趋势是一致的，即柑橘绿色管护技术对农户柑橘生产具有正向影响，但影响没有通过统计上的显著性检验。

宋金田

2020 年 6 月

目 录

第 1 章　导　论

1.1　研究背景

1.1.1　2000 年以来中国柑橘产业的发展

柑橘是世界上仅次于小麦和玉米的第三大贸易农产品，是世界第一大水果。而中国是柑橘的原产地之一，有着悠久的柑橘种植栽培历史。自 2000 年以来，中国柑橘产业发展迅速，无论是种植面积还是总产量都得到了很大提升，柑橘产量从 2000 年的 878.3 万吨增加到 2017 年的 3816.8 万吨，种植面积由 2001 年的 1985.55 万亩[①]增加到 2017 年的 3653.55 万亩。目前，柑橘是中国种植面积最大和产量第二大的水果种类（见图 1–1 和图 1–2）。

① 亩为非法定单位，1 亩≈ 0.0667 公顷，本书为叙述方便，仍保留此单位，下同。

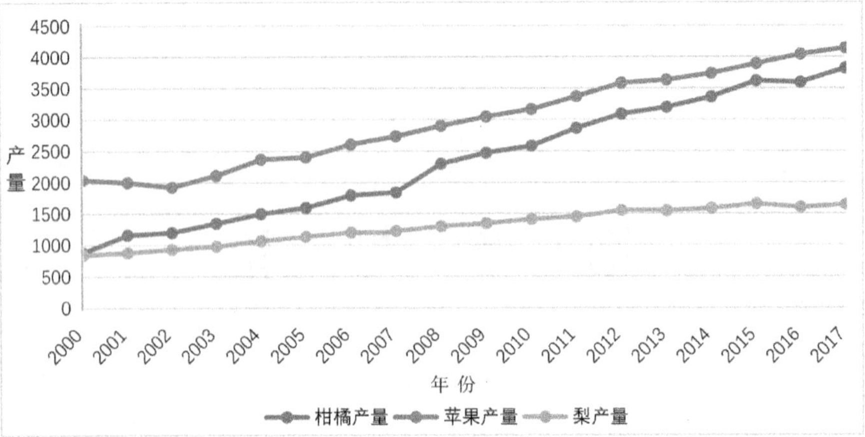

图 1-1　2000—2017 年中国苹果、柑橘、梨产量（单位：万吨）

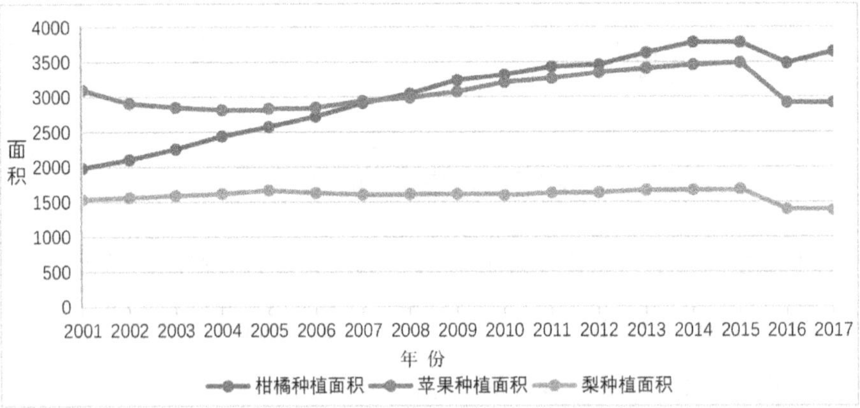

图 1-2　2001—2017 年中国苹果、柑橘、梨种植面积（单位：万亩）

柑橘产业的发展对我国社会经济发展具有重要作用。

第一，随着中国经济的不断发展，居民从粮食产品中获取热量的比重呈现逐年下降的趋势，相应地，从水果蔬菜类产品中获取热量比重逐年增加，作为中国三大果品之一的柑橘，2019 年总产量占三大水果产量的比重达到了 39.77%，为满足中国城镇居民对水果消费的需求做出了重要贡献。

第二，柑橘产业作为中国南方柑橘主产省份农村经济的支柱产业，在中国南方区域农业产业发展中的地位和作用日益凸显。目前中国有 19 个省、自治区、直辖市大面积种植柑橘，其中 10 个主产省（自治区、直辖市）为浙江、福建、湖北、湖南、江西、广东、广西、重庆、广东、四川。根据各主产省份的资源禀赋、市场区位、生产规模、产业基础等情况，中国共规划了长江上中游柑橘带、赣南－湘南－桂北柑橘带、浙－闽－粤柑橘带、鄂西－湘西柑橘带以及南丰蜜橘、岭南晚熟宽皮柑橘、云南特早熟柑橘基地、丹江口库区柑橘北缘基地、柠檬基地等 5 个基地。从地域分布来看，这些柑橘规划基地的分布与中国南方山区、贫困地区有一定程度的吻合性。柑橘产业的发展对于解决当地的农村、农业、农民等“三农”问题，对于当地农民的脱贫致富起着至关重要的作用。柑橘产业是这些地区的支柱产业之一，其发展状况直接影响到这些地区的社会经济发展和农民收入增长。柑橘产业对当地经济带动发展作用已有不少成功案例，如江西赣州、广西桂林等地区都围绕柑橘产业走出了一条乡村振兴致富之路，有力地促进了当地的经济发展。

第三，柑橘产业发展对山区生态环境保护具有一定的正向作用。柑橘既是传统的经济作物，又是生态建设的重要树种。柑橘适宜种植在山区丘陵地带，这些地区往往不适合开山造田。种植柑橘，一方面可以给当地农民带来经济收入，另一方面又可以起到保护植被、防止水土流失等作用，实现经济效益与生态环境效益的双重目标，也符合绿水青山就是金山银山的国家发展战略。目前，重庆忠县、湖北宜昌的柑橘产区通过建设精品果园、生态果园等高效生态模式已经得到了验证，取得了显著的生态环境效益和经济社会效益。

1.1.2 目前我国柑橘产业面临的一系列问题

中国柑橘产业在经过了近20年的快速增长的同时，也逐步出现或暴露出一些问题，这些问题反过来又影响着中国柑橘产业的长期健康发展。

第一，中国柑橘仍然处于粗放型生产阶段，柑橘生产效率较低。近20年来，中国柑橘产量持续增加主要是通过增加柑橘种植面积取得的，而土地、劳动力等资源的日益匮乏，决定了中国柑橘产业不可能过度依赖这种生产要素投入驱动型的增长模式。此外，中国柑橘生产普遍存在化肥、农药等过量施用的现象，导致化肥农药使用效率低下，不利于生态环境保护。部分农户在种植过程中为控制病虫害，随意选用一些高毒、高残留的农药，虽然短时见效快，但对害虫的天敌杀伤作用很大，对环境也有较大危害。

第二，近年来，柑橘产业发展受到黄龙病、溃疡病等病虫害的威胁。黄龙病和溃疡病是严重限制我国柑橘产业发展的两大主要病害。一旦感染无法根治。目前，多个柑橘主产省份都有发生柑橘黄龙病的报道，其中江西赣州地区自2013年大面积爆发黄龙病以来，共砍除病树达4500万株，造成柑橘大幅度减产，果实的品质下降，从而给果农带来很大的经济损失。在黄龙病不能根除的情况下，推动技术供给主体在品种培育、栽培管理等技术方面的研发，加大科研资金的投入，发展适合各个柑橘主产区的病虫害控制技术具有重要意义。

第三，用工价格及农业生产资料价格的攀升导致柑橘种植的成本提高，降低了柑橘的生产效率，影响了柑橘种植农户的生产收益和积极性。在中国，柑橘是典型的劳动密集型产业，受限于家庭联产承包责任制，中国柑橘生产多为小农生产模式，单个农户种植面积较小，因此无法像美国、巴西等国家一样在各个生产环节通过广泛采用机械来完成。修剪、采摘、打药、施肥等多个环节都需要人工完成。同时随着中国工业化、城镇化的快速推进，中国劳动力机会成本不断上升，农业对劳动力吸引程度下降，众多农民放弃从事农业生产，造成农村劳动力紧缺，成本上升。加之近年来农业生产资料如农药、化肥价格也出现了上涨，使得柑橘生产成本高涨，影响了柑橘种植农户对柑橘生产的投入质量和数量，降低了柑橘的生产效率，这会使柑橘生产收益逐年下降，影响柑橘种植农户的实际收入水平。

第四，随着中国经济发展水平提高、消费者需求偏好改变等，对柑橘质量和安全提出了新的要求。近年来，随着国民经济持续增长，城乡居民收入提高以及收入结构优化，消费者对柑橘的消费比重逐渐上升，同时也对柑橘食用的营养性和安全性提出了新的要求。原有的粗放式、资源投入型生产模式生产的产品不能满足城乡居民的需求。

1.1.3 农业技术创新与农业发展

农业技术是推动现代农业发展的基本动力，要想提高柑橘生产效率，降低柑橘生产中遇到的生态环境问题，必须依靠科技进步，加大农业成果的转化，强化环境友好型农业技术推广应用，实现柑橘生产增长方式由粗放型向集约型转变，走出一条质量安全、资源节约、环境友好的柑橘产业发展之路。

近年来，中国政府越来越重视农业科技对农村发展和农业现代化的推动作用。2012 年中央一号文件以农业科技创新为主题，提出“依靠科技创新驱动，提升农业技术推广能力，是突破农业资源环境约束的必然选择，是加快现代农业建设的决定力量”。2014 年中央一号文件提出要开展农业资源休养生息，加大生态保护建设力度，加大农业污染防治力度，支持高效肥和低残留农药的使用，来促进生态友好型农业的发展。2014 年中央经济工作会议进一步指出我国环境承载能力已经达到或接近上限，传统的农业生产方式难以为继。2017 年中央一号文件又提出强化绿色农业科技推广，深入推进绿色高产高效创建，重点推广优质专用品种和节本降耗、循环利用技术模式。

用科技引导农业发展已经成为供给侧结构改革背景下中国农业升级、转型的重要支撑。农业技术对农业发展的促进作用一方面要依赖不断出现的新农业技术，另一方面要依赖农业技术在生产中的推广和应用。农户是农业技术采用的决策者，也是农业技术的实施者，研究农户农业技术采用的影响因素，对于加快农业科技成果转化，引领中国农业发展、升级具有重要意义。

1.2　研究目的与意义

1.2.1　研究目的

本书以江西省赣州市柑橘种植农户为研究对象，基于农户行为理论，按照农户对农业技术的认知—采用—绩效分析—连续采用的研究框架，深入探讨柑橘种植农户对柑橘绿色管护技术采用的决策及影响因素。以实地调研数据为基础，综合运用多种研究方法，在已有研究的基础上，对农业技术采用的相关概念进行细化，结合样本农户农业生产的区域特征、个体特征，考察农业技术采用行为及其影响因素，并对农户农业技术采用效果进行评价，在此基础上提出促进农户采用农业技术的激励机制。研究目的主要包括以下内容。

①农户农业技术采用行为理论模型的构建及实证分析。利用纵向数据，建立计量模型对农户农业技术采用选择、农业技术采用强度、农业技术联合采用、农业技术连续采用等行为进行分析，探讨农户采用农业技术的时间与空间规律，明确其影响因素，了解和掌握农户农业技术采用行为的内在逻辑。

②通过倾向得分匹配法对柑橘种植农户柑橘生产绩效进行实证分析。确定影响农业技术评价模型的关键变量，测度农业技术对农户生产经营的影响，为促进农户采用农业技术提供理论依据和实证依据。

③农户农业技术采用激励机制建立及优化。针对调查分析及实证研究结果，结合调查区域实际，从技术推广、产业扶持、农户培训等方面提出了政策建议。

1.2.2　研究意义

党的十八大明确提出，加快农业生产方式转变，大力发展绿色农业。党的十九大进一步提出，要推进绿色发展，形成节约资源和保护环境的空间格局、产业结构、生产方式。在此背景下，研究怎样促进柑橘种植农户采用柑橘绿色管护技术，对于政府制定及实施有效的激励政策，促进农户在生产过程中同时关注经济利益和环境保护的双重目标，加快传统柑橘种植方式的转变，对于加快转变柑橘产业发展方式具有理论意义和现实意义。

（1）理论意义

本书基于农户行为理论，建立了认知—采用—绩效分析—连续采用的农户柑橘绿色管护技术采用研究框架，在此基础上研究了技术采用各个环节的影响因素。为厘清农户技术采用决策的内在机理提供了实证素材，并进一步丰富了农户经济行为研究，是对已有研究的进一步拓展。

（2）现实意义

一是从农户角度入手，以江西省赣州市柑橘种植农户调查数据为依据，对农户柑橘绿色管护技术的认知行为、联合采用行为、采用强度、连续采用、生产绩效进行了深入探讨和实证分析，研究可以为柑橘绿色管护技术的推广和激励政策的制定提供理论基础和现实依据。

二是针对柑橘种植农户柑橘绿色管护技术采用行为提出的政策建议，可以在一定程度上消除技术推广与技术采用之间的鸿沟，进一步加快赣州地区柑橘绿色管护技术的推广应用，从而快速形成生产力，研究契合了2012年中央一号文件提出的积极推进农业科技创新转化的战略要求。

1.3 主要研究内容、思路与方法

1.3.1 研究内容

（1）农业技术采用相关概念的界定与辨析

农户农业技术采用是一个具有多重含义的概念，在不同的分析框架下有着不同的内涵。农户决定是否采用农业技术，多大程度上采用该种技术，采用该种技术的力度等概念在含义上具有很大的差异性，明确各概念的定义是本研究的重要基础和研究的出发点。本部分研究首先对农业技术采用这一概念的相关文献进行梳理，把农户农业技术采用决策过程分成不同的阶段，对不同阶段农业技术采用行为予以界定，明确农业技术认知（对农业技术的了解程度）、农业技术采用（是否采用该农业技术）、农业技术采用强度（对集成技术的各项子技术的采用状况）、农业技术联合采用（病虫害综合防治技术的联立选择）、农业技术连续采用（纵向来看农户在使用该技术一段时间后继续采用）等概念，并对上述概念的内涵与外延进行辨析，为后续的研究奠定基础。

（2）农户农业技术认知、农业技术采用、农业技术采用强度

本书所研究的农业技术为柑橘绿色管护技术。该技术为系统集成技术，由 5 项子技术构成，各子技术的实施在资金、知识等方面对农户有较高的要求，具备知识密集型和劳动密集型的特征，对于这类具有双重特征的农业技术，研究农户的采用强度很重要（Noltze 等，2012）。针对农户农业技术采用的各个环节，首先利用 Logit 模型研究农户对柑橘绿色管护技术的认知并掌握其影响因素。其次，分析农户农业技术采用强度，不同的柑橘种植农户受资金、知识、劳动力等资源禀赋约束以及制度性因素的约束，具体到某个果园，农户在实际使用中可能不会完整地采用柑橘绿色管护技术中的全部 5 项子技术，而是有针对性地选择其中某项或某几项子技术应用到生产过程中。因此，对农户农业技术采用深度的研究可以用计数模型进行分析。再次，针对柑橘绿色管护技术中的病虫害综合防治技术，研究农户对其中的生物防控和物理防控的联合采用行为。

（3）农户农业技术连续使用研究

农户在决定采用农业技术并使用一段时间之后，受到各种因素的影响，例如新的替代技术的出现、资源禀赋的制约，可能放弃继续使用某种农业技术，即农户农业技术弃用行为。农户农业技术弃用行为的研究需要使用纵向数据，受数据可得性的制约，目前相关研究较少。本部分问题主要有两个：①利用随机效用理论建立农户农业技术连续使用行为理论模型，考虑农户个人特征变量及制度性变量的影响，对农户农业技术连续使用进行理论分析。②在此基础上使用纵向数据对农户农业技术弃用行为进行实证分析。拟采用多变量 Heckman 两阶段模型进行分析，该模型允许不同方程的误差项之间存在相关性，以解决内生变量问题。

（4）农户农业技术采用效果评价

理论上柑橘绿色管护技术可以提高果品品质、节约生产成本、保护生态环境，有效地提高柑橘生产效率和农户的收入，但影响幅度有多大？柑橘绿色管护技术包括 5 项子技术，农户在实际操作中可能只采用某种或几种技术，实践中各子技术对柑橘生产效率、农户收入的贡献是怎样的？此外，农户的资源禀赋、制度性因素对子技术的实施、作用的发挥有着怎样的影响？要回答这些问题，明确各项子技术在生产中所发挥的作用，有必要对该集成技术中各项子技术的采用效果进行分析评价。本部分利用倾向得分匹配法对柑橘绿色管护技术采用效果进行综合评价。

（5）农户农业技术采用激励机制构建与优化研究

本部分是在上述研究基础上的综合和拓展。通过对农业技术采用选择、农业技术采用强度、农业技术采用深度、农业技术连续使用等方面的考察，以及柑橘绿色管护技术应用效果评价，可以帮助我们较完整地把握农户农业技术采用行为的内在逻辑以及影响因素，这对制定科学的农户激励机制，更好地促进柑橘绿色管护技术的推广应用具有积极意义。本部分内容拟在结合调查数据及实证分析的基础上，以理性行动理论和社会行动理论为依据，从建立技术跟踪服务机制、产业扶持发展机制、农户技术培训机制、资金信贷支撑机制等角度完善农户柑橘绿色管护技术采用的激励机制。

1.3.2 研究思路

本书以柑橘绿色管护技术采用为研究对象，以江西省赣州市柑橘产区的372户柑橘种植农户的调研数据为依据，在分析柑橘种植农户绿色柑橘管护技术采用过程及政策激励的基础上，构建了农户农业技术采用决策分析框架，并逐步深入。一是利用Logit模型分析了农户对柑橘绿色管护技术的认知；二是利用计算模型分析了农户对柑橘绿色管护技术的采用强度；三是利用联立双变量Probit模型分析了农户对病虫害综合防治技术的联立采用决策；四是利用Heckman两阶段模型分析了农户连续采用农业技术的决策；最后利用倾向得分匹配法分析了柑橘绿色管护技术的生产绩效。并在上述实证分析的基础上，梳理政府可能的政策激励措施，给出促进柑橘绿色管护技术采用的政策建议。本研究的研究思路可以用图1–3来表示。

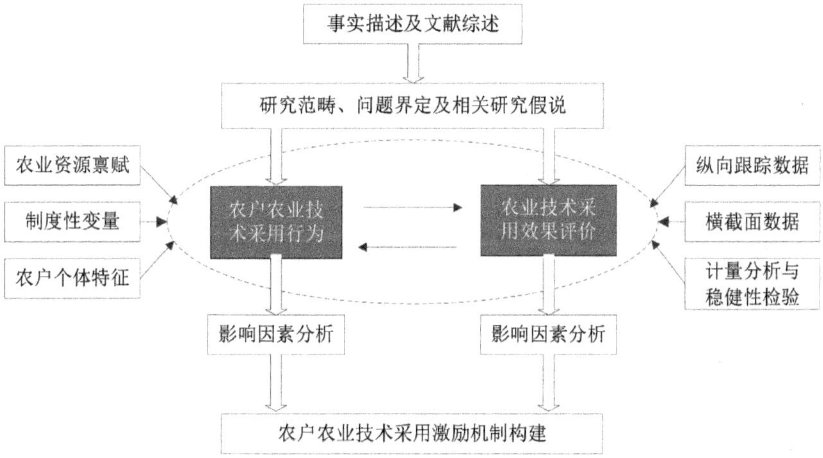

图1–3 研究思路图

1.3.3 研究方法

本研究在对国内外相关文献梳理的基础上，首先利用规范分析方法对农业技术采用的经济机理进行理论分析，其次利用统计分析方法、计量方法考察柑橘绿色管护技术推广与采用现状，对农户农业技术采用决策以及农业技术绩效进行了分析，具体研究方法如下。

① 文献归纳法。运用文献资料研究法，本研究对农业技术采用的相关文献进行了梳理，了解目前研究进展和前沿，这也为本研究奠定了理论基础。运用归纳定性分析方法，对农户农业技术采用、农业技术、柑橘绿色管护技术、技术采用强度等概念进行了界定，并在此基础上建立了农户农业技术采用的“认知—采用及连续采用—采用强度—绩效评价—政策激励”研究框架，在此基础上对农户农业技术采用各个环节的决策进行了实证分析。

② 实地调查方法。本研究对江西省赣州地区 8 个主产区县市的柑橘种植农户进行了调查，获取了第一手资料，了解当地农户农业技术采用状况，为实证研究奠定了资料基础。

③ 计量分析方法。本研究采用的主要计量方法包括 Logit 模型、计数模型、双变量 Probit 模型、Heckman 两阶段模型、倾向得分匹配法。

利用 Logit 模型分析了农户对农业技术认知及其影响因素。首先在梳理相关文献的基础上，确定了农户农业技术认知的影响因素，然后对赣州市农户农业技术认知情况进行统计分析，最后通过模型分析了主要影响因素。

利用计数模型对农户农业技术采用强度进行了分析。由于柑橘绿色管护技术包括 5 项子技术，变量分布符合计数模型要求，首先对模型选择进行识别，发现变量基本符合泊松分布，然后选择影响因素，采用泊松回归分析农户农业技术采用强度。

利用双变量联立 Probit 模型分析农户对于病虫害综合防治技术中物理防控与生物防控的联立选择。由于病虫害综合防治技术中的物理防控技术和生物防控技术具有相同的作用，农户在农业生产中对两种农业技术的采用可能存在替代或互补关系，而利用双变量联立 Probit 模型可以较好地识别这两种效应。

利用 Heckman 两阶段模型分析了农户农业技术采用与连续采用的决策及影响因素。实践中农户在采用某项技术后，在使用一段时间后可能选择继续使用也可能放弃使用。利用农户技术采用截面数据及历史数据，运用 Heckman 两阶段模型，把农业技术采用视为两个连续阶段，对农户在不同阶段的决策行为进行了分析。

运用倾向得分匹配法分析了农户农业技术采用绩效。由于农户对农业技术的选择存在“自选择”状况，为了避免农业技术采用时农户“自选择”导致的因果干涉，在反事实分析框架下，利用倾向得分匹配法模拟自然实验时的状态，得到农户采用农业技术对生产绩效影响的一致估计结果。

1.4 研究的创新与不足

1.4.1 研究可能的创新之处

本研究以柑橘种植农户为研究对象，围绕农户对柑橘绿色管护技术采用、绩效及激励机制进行了较为全面的分析，本研究可能的创新点主要有以下两个方面。

一是在内容上，考虑到农户农业技术采用是由多个决策组成的连续过程，建立了农户农业技术采用分析框架，考虑技术约束和生态环境约束对农户决策的影响，同时利用纵向数据考察了农户在追求效用最大化过程中的决策行为，推导了农户在环境和资源约束下采用柑橘绿色管护技术的经济机理，研究内容有一定的创新之处。

二是在研究方法上，相比现有研究多采用二元 Logit 模型或 Probit 模型分析农户农业技术，把农业技术采用视为二元选择问题，本书采用多种方法，从不同维度出发考察了农户农业技术认知、采用、连续采用、联合采用，深入探讨影响农户农业技术采用的影响因素；针对农业技术生产绩效的探讨，除了运用简单统计和回归分析等方法，本研究采用倾向得分匹配法将柑橘绿色管护技术采用对生产绩效的影响剥离出来，考察了柑橘绿色管护技术对柑橘生产绩效的影响。

1.4.2 研究存在的不足

① 受时间与精力所限，本研究仅以江西省赣州地区为样本区域，由此得出的调查分析及研究结果可能无法全面反映其他柑橘产区柑橘绿色管护技术采用的总体情况，进而影响到研究结论的一般性和代表性。如果能进一步扩大样本区域范围，研究结论可能会更具普适性。

② 本研究对农户柑橘绿色管护技术的分析基于单一年度调研数据，其中纵向数据是通过农户回忆得出的，缺乏对农户柑橘绿色管护技术采用的连续观察，对农户柑橘绿色管护技术的动态分析不够。

③ 柑橘绿色管护技术的推广应用是一个长期的过程，在这一过程中，某些影响因素是在不断变动的，需要针对这些影响因素的变动情况相应地制定和调整对策。

第 2 章　概念界定与理论分析

推广新型农业技术，尤其是推广绿色农业技术，对于在保障农业生产的基础上保护生态环境，推动农业现代化和实现可持续发展具有重要作用。怎样提高农户对现代农业技术的采用率，促进现代农业技术的推广已经成为学者关注的焦点。本章主要对农业技术相关概念进行界定，对农业技术采用及扩散理论、农业技术采用相关研究进行梳理，为后续研究提供理论基础。

2.1　概念界定

2.1.1　柑橘种植农户

农户是由血缘和婚姻关系组合而成的一种社会组织形式，是人类社会结构中最基本的经济组织，也是农业生产与消费的基本单位。农户的本质特征是以家庭契约的关系为基础，农户家庭与农业生产活动是相互作用的（翁贞林，2008）。

本书所指农户是从职业角度进行定义的，是指由亲缘、血缘等关系组合而成的，专门从事柑橘生产经营的，以家庭为单位的经济组织，因此又可以称之为柑橘种植农户。柑橘种植农户是从事柑橘生产和经营的最小组织单位。不包括各类性质的农场，如集体农场、国有农场等。

2.1.2 农业技术

农业技术是农业生产领域不可或缺的关键要素，是连接农业科学与生产的重要桥梁。农业技术可以从广义和狭义两个层面进行界定：广义农业技术是指在长期的农业生产过程和科学实验中，人类认识和改造自然所积累的一切技能、经验和知识的总和；狭义的农业技术是指农业生产中的技能以及以知识为基础的物化产品（傅新红，2004）。根据农业生产的各个环节，农业技术包括：良种繁育、栽培、肥料施用和养殖技术；植物病虫害、动物疫病和其他有害生物防治技术；农产品收获、加工、包装、储藏、运输技术；农业投入品安全使用、农产品质量安全技术；农田水利、农村供排水、土壤改良与水土保持技术；农业机械化、农用航空、农业气象和农业信息技术；农业防灾减灾、农业资源与农业生态安全和农村新能源开发利用技术以及其他农业技术。根据农业生产的特性，还包括栽培技术、管理技术、物化种子和农药等。

2.1.3 绿色农业技术

绿色农业技术出现于20世纪70年代。联合国粮农组织针对当时的粮食危机提出了世界粮食安全理念，认为建立在大量使用化肥、农药和除草剂基础上的现代常规农业，造成了土壤流失以及地下水污染等问题，对生态环境造成了破坏，而且这种破坏可能是不可逆的和长期性的，会影响人类社会的可持续发展。在这一大背景下，农业科学家开始探索新的农业技术替代现代常规技术，绿色农业技术应运而生，并在实践中得到了广泛认可。绿色农业技术是一个广义概念，目前学术界并没有明确统一的定义。一般而言，绿色农业技术是以生产安全、绿色的农产品为目标，同时防止农产品农药残留和重金属超标，兼顾农业生产和生态环境保护的技术。绿色农业技术可以在促进农业发展、增加农户收入的同时保护环境、维护农业产业长期可持续发展。绿色农业技术吸收了以往农业技术的优点，具有现代、节约、污染少等特征。它涉及农业生产、加工、运输等各个环节，因此绿色农业技术是一种集成技术，是由多项子技术构成的技术包，一般包括病虫害综合防治技术、测土配方技术、营养综合管理技术、轮耕技术等多个方面的技术。这也决定了农户对绿色农业技术的采用与传统的单项农业技术采用存在一定差异，农户可以根据需要全部采用或仅采用某几项子技术来解决生产的问题，同时多项子技术之间存在的关联效应也会影响农户的采用决策。

除绿色农业技术以外，目前还存在循环农业技术、环境友好型农业技术、可持续农业技术等农业技术，这些技术与绿色农业技术既有相同之处又有区别。其共同点在于，上述技术除了在保证农业生产之外均有促进资源节约和环境保护的作用。区别在于，不同的技术侧重点不同，例如循环农业主要目的是依靠农业资源的循环利用保持生态环境的平衡并实现农业的可持续发展；环境友好型农业技术主要是以保护生态环境为目的，如退耕还林技术等。

2.1.4 农业技术采用

Rogers（1962）指出，农业技术采用是指农户从听说一项新的农业技术到农户最终采用该项技术的全部过程。在此基础上，后续学者进行了拓展，一般认为，农业技术采用是指农户从了解某项新技术，到对技术行为的评价，再到接受并掌握该技术，最终在农业生产中实施并运用的过程。

2.2 理论基础

2.2.1 农户行为理论

农户是以血缘和婚姻关系为基础组成的消费与生产单元，其行为是为了实现自身经济利益而在经济活动和生活中进行的各种选择决策（宋洪远，1994）。一般认为农户行为可以是追求效用最大化和利润最大化的，随着中国经济体制改革的深化，农户市场参与度不断提高，农户的农业生产行为也逐渐具备了双重性，农户生产首先是为了满足自身家庭消费需要，如果除满足自身消费需求外还有剩余，就会在市场上销售剩余产品。而对于某些种植经济作物的农户，其生产目的主要是为了到市场上进行销售获取利润，农户做生产决策时必然要考虑市场价格、供求关系、成本收益等因素，农户行为的市场性、竞争性及趋利性也在不断增强（张希仁，1998；张广胜，1999）。本书对具有代表性的农户行为理论进行了梳理。

（1）恰亚诺夫（Chayanov）自给小农理论

苏联经济学家恰亚诺夫（Chayanov，1923）提出了自给小农经济理论，他认为农户的决策行为与一般的资本主义企业决策行为存在差异。主要原因有两个：一是农户经济发展主要依赖自身或家庭其他成员的劳动力投入，一般不雇佣劳动力，这决定了农户无法准确计算其在生产中投入的详细成本；二是农户生产的产品首先用于满足家庭成员自身需求，在满足了家庭需要的前提下才会在市场上进行出售，这决定了农户生产目标不是利润最大化而是生产风险最小。因此，恰亚诺夫认为，用新古典经济框架下的“理性人”分析传统农户行为是不合适的，农户的生产决策不是由“边际收益等于边际成本”原则决定的。同时恰亚诺夫提出农户家庭收入增加一单位，应该用获得收入所付出的劳动力的辛苦程度和满足家庭消费两个标准来衡量。

（2）舒尔茨理性行为理论

舒尔茨（1964）提出了农户是“贫穷但是有效率”的这一观点，建立了农户理性行为理论。舒尔茨认为，在传统农业生产过程中，农户并非是愚昧落后、非理性的，而是能够根据市场波动做出有效应对，其行为是精明的、理性的。农户在竞争的市场体制下，其决策行为与资本主义企业决策行为没有本质区别，他们能够在帕累托最优条件下进行资源的合理配置，因此，农户行为是完全理性的，即所谓的“理性的小农”。舒尔茨进一步分析了农户生产效率并不低下但传统农业无法成为经济发展主要驱动力的原因，认为农业投资边际收益递减、收益率低，使得农户无法获得有效刺激，缺乏农业投资的积极性。波普金（1979）指出，农户是理性的个体决策者，是追求利益最大化并能做出合理生产决策的理性经济人，进一步发展丰富了舒尔茨的理性小农理论。

（3）有限理性学派

西蒙在 20 世纪 50 年代提出了有限理性决策理论。他认为新古典经济学框架下的“经济人”假说只是一种理想模式，对实践的指导意义不大。决策者在决策时将遇到不完全信息、信息成本等问题，决策者决策目标也并不是总是追求利润最大化。决策者进行决策时除了要进行成本收益分析，还要关注其他因素。黄宗智（1986）运用西蒙的有限理性理论对农户的决策行为进行了分析，他认为农户选择行为是在不完全信息下的一种有限理性行为。农户决策时不可能掌握全部信息，也无法获得决策的详尽规律，因此，农户只能在自己所掌握的信息范围内做出有限理性的决策。

综上所述，不同学派对农户行为的研究是基于不同时代不同社会制度、经济条件下，研究者运用不同方法得出的研究结论，反映了各种社会经济条件下、不同时期不同类型的农户行为特征。总体来看，这些理论根据其假定不同可以分为完全理性、非理性、有限理性三类。从现有研究来看，理性小农学派理论把农户行为建立在“经济人”基础上，有助于研究的计量分析，是运用较为广泛的理论。近年来，随着研究的深入以及对农户行为理解的加深，相关研究者逐渐认识到农户行为的复杂性、多重性，单纯的经济模型不能很好地解释农户行为理性与非理性并存的现实，因此主张结合社会学、心理学及行为学等学科的理论与方法，把农户的个人及家庭特征变量和外部环境变量引入到农户行为研究中，进一步拓展了经济学在农户行为方面的研究空间。

2.2.2　农户农业技术采用及技术扩散理论

（1）农户农业技术采用理论

农户农业技术采用是指农户为了实现效用最大化，在资源、技术、环境等条件约束下，将农业技术应用于农业生产经营活动中的经济决策过程。农业技术采用是农业技术扩散中的主要环节之一，是农业生产进步的微观基础。学者关于农户农业技术采用决策的主要理论有以下几种。

① 农户农业技术采用静态决策。农户农业技术采用静态决策研究农户在特定时间、空间条件下是否会采用新农业技术及其影响因素（Just，1983）。作为追求利润最大化的理性经济人，农户预期采用新技术后可以获得比未采用新技术时更高的收益，农户就会决定采用新技术（胡瑞法等，1994）。农户采用新技术可以用式（2-1）表示：

$$\max:\ Y=E\left(\phi(X)\right)=\underset{k^*}{E}\left(p\left(f(m)+g(n)G(Z)\right)-c(m+n)-rn\right)$$

且

$$m+n=T,\ Q=f(m)+g(n)G(Z) \qquad (2\text{-}1)$$

式中，Y 为农户生产农产品获得的利润，E 表示农户在信息量 k^* 时的期望收益，$\phi(X)$ 为收益函数，X 为影响利润的变量，p 为农产品销售价格。m 和 n 分别为农户未采用新技术时及采用新技术后的种植面积。T 为农户总种植面积，Q 为农户农产品产量，$f(m)$ 为农户未采用新技术时的生产函数。$g(n)G(Z)$ 为农户采用新技术时的生产函数，其中 $G(Z)$ 是风险控制函数，其定义域为［0，1］。c 为未采用新技术时的成本，r 为农户采用新技术后增加的成本。在上述假定下，农户采用新技术的条件为：

$$pg(n)G(Z)-(c+r)n \geqslant pf(n)-cn \qquad (2\text{-}2)$$

② 农户农业技术采用动态分析。农户农业技术采用并不是一个静态决策，农户的决策要受到时间因素的影响，因此把农户技术采用视为一次性的决策存在不足之处，许多学者提出了用动态模型对农户技术采用进行分析。动态模型允许农户技术采用行为随时间变化而变动，克服了静态模型

中的缺陷。O.Mara（1971）采用贝叶斯方法分析了决策者对新技术采用的全过程，探讨了决策者从对新技术的认知、熟悉、试用到最后采用的全过程影响因素。Stoneman（1980）、Lindner（1979）等在 O.Mara 的基础上进一步分析了收入、成本、利润、信息对新技术采用的影响。引入时间因素后的农户技术采用动态模型可以用式（2-3）表示：

$$\max: Y_t=E(\phi(X_t))=\underset{k^*}{E}\Big(p(f(m_t)+g(n_t)G(Z_t)L(t_{t-1}))-c_t(m_t+n_t)-r_t n_t\Big)$$

其中

$$m_t+n_t=T_t,\ Q=f(m_t)+g(n_t)G(Z_t)L(t_{t-1}) \qquad (2\text{-}3)$$

式中，$L(t_{t-1})$ 为农户上一期所拥有的信息和经验。式（2-3）表明农户运用新技术的过程中获得的经验会提高生产函数的值，同时也会改变风险控制函数的期望值。农户前期采用新技术积累的信息和经验会影响农户下一期的技术采用决策，这种情况下技术会呈现出扩散状态。

（2）农业技术扩散理论

农业技术扩散理论主要包括技术踏车理论、创新扩散理论和新产品增长模型。

① 技术踏车理论。技术踏车理论是由 Cochrance（1958）提出的。Cochrance 根据农户采用技术的顺序把农户分为三类：早期采用者、跟随者与落后者。农户对采用农业技术预期收益的差异决定了农户的不同分类。早期采用者是新技术的最先尝试者，他们对农业技术具有较高的预期收益，由于他们较早采用农业技术，因此会获得超额利润。在早期采用者的带动和示范下，跟随者也会跟进采用农业技术，由于技术采用者增加，使得农产品供给增加，在消费需求不变的情况下，该技术带来的超额利润会消失，

落后者如果再采用农业技术则无法获得高额利润。同时，早期采用者可能已经放弃该技术并寻求其他可以带来超额利润的农业技术。这种过程不断反复循环，最后形成了农业技术采用的踏车效应。

农业技术踏车理论阐述的是市场竞争条件下农户对农业技术的自愿采用行为，市场竞争的压力推动一部分农户先采用新农业技术而且可以从中获取超额利润。农业技术实际上可以看作是一类能够满足农户生产需求的商品，农户对农业技术的采用可以看作是对该类商品的需求。

② 创新扩散理论。创新扩散理论是由 Rogers（1962）提出的。Rogers 用如下模型解释农业技术扩散：

$$Y_t=\frac{K}{1+e^{-(a+bt)}} \tag{2-4}$$

式中，Y_t 是农业技术随着时间的扩散程度，K 是长期农业技术扩散程度的上限，a 是农业技术扩散的初始状态，b 是农业技术的扩散速度，K，a，b 受农业技术扩散收益的影响。

Mansfield（1963）对上述方程进行了修正，以微分方程来表示：

$$\frac{\partial Y_t}{\partial t}=bY_t\left(1-\frac{Y_t}{K}\right) \tag{2-5}$$

上述方程中，$\frac{\partial Y_t}{\partial t}$表示农业技术的边际扩散水平，$Y_t$ 表示农业技术扩散的水平，$1-\frac{Y_t}{K}$表示农业技术扩散的内在潜力，b 是由技术收益、农户资源禀赋等因素决定的系数。这个方程的含义是，在时间 t 内，农业技术扩散的边际水平$\frac{\partial Y_t}{\partial t}$是与其扩散水平 Y_t 和扩散的潜力 $1-\frac{Y_t}{K}$成正比关系。当 Y_t 趋向于 0 时，表明农业技术扩散处于扩散的初期阶段，此时技术的扩散速度较慢，Mansfield 认为技术扩散存在一个突破点，当技术扩散达到突破点时，技术的扩散会呈加速状态，而当 Y_t 趋向于 K 时，表明技术扩散达到极限。

Rogers 根据不同农户采用农业技术的顺序，把农户分成了创新者、早期采用者、早期追随者、晚期追随者、滞后采用者。创新者是指具有较广泛的社会网络并愿意尝试新事物的农户；早期采用者一般是社会地位较高、德高望重具有示范作用的农户；早期追随者是那些善于与其他农户沟通且具有一定冒险精神的农户；晚期追随者是那些较为保守，风险意识强，对新事物接受主动性差的农户；而滞后采用者一般是依据原有经验进行决策，对新技术不太关心的农户。此外，Rogers 的另一个贡献是对农业技术采用过程的划分，他把农户对一项农业技术采用的全过程划分为技术认知阶段、兴趣阶段、决策阶段、试用阶段与采用阶段。农户由最初对农业技术的认知到对农业技术产生一定兴趣，再根据自身条件进行评价，如果农户认为该农业技术有效就会试用，最后根据试用结果决定是否采用。

③ 新产品增长模型。新产品增长模型是由 Bass（1969）提出的。在这一模型中，Bass 把农户分为创新者和模仿者两类。如同 Rogers 对创新者和追随者的定义，创新者也是较早采用农业技术的农户，模仿者是模仿创新者的决策采用农业技术的农户。Bass 通过式（2–6）来说明技术扩散的原理:

$$P(t)=\frac{f(t)}{1-F(t)}=p+\frac{q}{m}N(t)=p+qF(t) \tag{2-6}$$

式中，$P(t)$ 为 t 时刻之前没有采用过新技术的农户在 t 时刻采用农业技术的概率；$f(t)$ 是农户在 t 时刻采用农业技术的可能性；$F(t)$ 是 t 时刻采用农业技术的农户占全部农户的比例；p 为创新系数，是指农户在外界媒体宣传影响下采用农业技术的程度；q 是模仿系数，反映了已采用农业技术的农户对未采用农业技术的农户的影响程度；m 为采用农业技术的市场潜力；$p+\frac{q}{m}N(t)$ 为已经采用农业技术的农户对未采用农业技术的农户采用决策的影响。Bass 认为，在农业技术扩散初期，创新者较少，农业技术扩散速度较低，随着采用农业技术的农户的增加，突破临界点后，农业技术会以较高速度扩散，因此整体来看，农业技术扩散会随时间呈现“S”形。Bass 的模型可以用图 2–1 来说明。

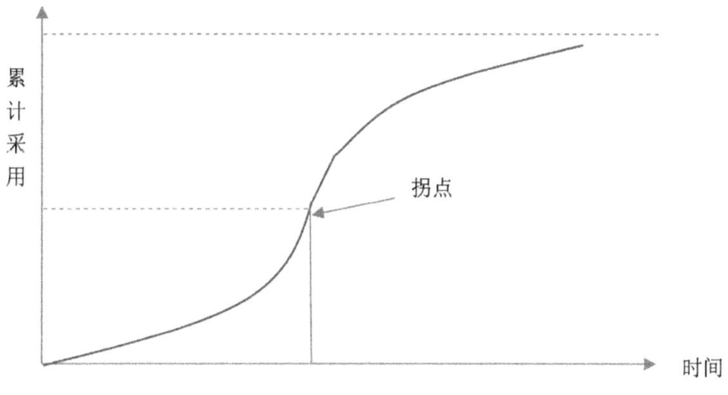

图 2–1　Bass 模型曲线图

图 2–1 中，农业技术扩散曲线呈现“S”形，其含义是，在技术扩散初期，由于革新者少，农业技术的扩散速度较低，随着采用的农户越来越多，累计采用会接近临界点，当突破临界点后，农业技术扩散速度会加快。

2.3　国内外研究动态及述评

2.3.1　农业技术采用机理研究

农户农业技术研究是伴随着 20 世纪 60 年代绿色革命而兴起的。大量新的农业技术和高产作物品种的出现，使得农业技术采用成为一个得到广泛关注和研究的课题。经过几十年的演进过程，农户农业技术采用的相关研究已经发展成为具有较为完善理论体系和方法支撑的知识体系。

Griliches（1957）、Schultz（1964）遵循新古典经济学假定，认为农户是追求效用最大的理性人，其行为是理性的、有效率的，农户对农业技术采用行为是一种效用最大化的决策行为。同时，农业技术被视为一种要素投入与产出之间的生产函数，认为农业技术创新是生产要素投入变化的结果。他们探讨了影响农业技术扩散的因素，认为制度安排、人力资本等发挥着重要作用。

Veblen、Ayres（1965）提出了技术、制度两分法的农业技术采用研究范式。他们认为，农业技术进步是经济发展变化的源泉，制度安排会影响技术变化的方向和动力。他们吸收了新制度经济学有限理性的假设，认为农户是具有不完全理性的决策者。信息不完全、风险不确定性、技术和农户行为异质性会影响农户农业技术采用的决策，因此农户农业技术采用决策可能不是以效用最大化为最终目标，而是会选择自己满意的技术。

Binswanger（1974）、Hayami 和 Rutan（1985）提出了要素诱致性技术创新理论。他们认为，在生产要素为完全竞争的市场上，生产要素价格可以有效地反映生产要素的稀缺程度，生产要素价格相对变动成为诱致农户农业技术采用的市场信号。因此，农户对农业技术的选择，实际上是指农户根据生产要素价格的相对变动，选择能节约稀缺因素的技术，以实现要素投入的边际收益最大化。根据诱致性技术创新理论，他们把机械对劳动力替代的技术定义为节约型技术，将增加劳动投入替代机械使用的技术定义为劳动密集型技术。

Feder 等（1987）对农户农业技术行为的概念进行了界定。Feder 认为，所谓的农业技术采用行为，是在拥有技术的相关完全信息的基础上，在长期均衡状态下选择采用某一技术并决定采用该技术的强度。Feder 的另一个贡献是对农业技术的属性进行了界定，认为农业技术就其投入成本配置属性来说，可以分为可分割技术和不可分割技术。

国内对农业技术采用的相关研究起步较晚，20 世纪 90 年代以来，随着市场经济体制的建立，农村社会经济已经基本脱离原有的自给自足的经济模式，农户成为社会分工中的重要组成部分，农户除了生产部分所需农产品外，其他产品需求都要通过市场交换实现，农户成为生产经营决策的主体，农户农业技术采用问题逐渐得到学者的重视。国内学者在对农户农业技术采用机理分析时，基本遵循了新古典经济学利润最大化追求的假定，认为农户是市场上追求利益最大化的生产主体，农户对某项农业技术可预期收益越高，就越有可能采用某种农业技术，追求利润最大化是农户采用农业技术行为的决策基础。林毅夫和沈高明（1991）基于农户完全理性人假设，采用效用分析方法分析了农户农业技术采用的原因，认为效用最大化是农户采用农业技术的决定性因素。胡瑞法等（1994）认为，农户采用农业技术会衡量技术的预期净收益与当前技术净收益，如果前者大于后者，农户会倾向于采用该技术。王济民（1995）的研究表明，农户对农业技术采用有强烈的目的性、积极的能动性、明显的差异性和巨大的可塑性。汪三贵和刘晓展（1996）通过风险分析，认为农户采用农业技术的动机在于技术风险的大小。朱明芬等（2001）研究发现，受资源产权不明晰的影响，农户对农业技术采用决策往往追求短期经济利益，受知识水平和经营条件的限制，农户使用常规技术较多。庄丽娟和贺梅英（2010）研究发现，农户对不同农业技术具有不同的偏好顺序。杨传喜等（2011）的研究结果表明，食用菌种植农户偏好轻简化栽培技术。余国新等（2013）研究认为，番茄种植农户偏好销售服务技术、新品种技术。由此可见，通过采用农业技术达到增产增收是农户采用农业技术决策的主要依据。

2.3.2 农业技术采用研究方法与视角的创新

近年来，研究人员针对不同农业产业的生产技术，不断探索新的研究方法，运用新的计量方法或数理模型来解决农业技术采用行为研究中常见的联立性与内生性问题（Besly 和 Case，1993）。Smale 等人（1995）把农业技术采用问题视为 3 个同时发生的决策问题，并构建了同时包括 3 个决策的数量模型。Khanna（2001）使用双重选择模型解决研究过程中出现的样本选择偏差问题。Dimara 和 Feder（2003）将农业技术采用视为部分可观测过程，并构建了两阶段过程模型，该模型可以通过可观测的阶段推断无法直接观测阶段的决策。Diagne 和 Demont（2007）建议采用 ATE 分析框架分析农业技术采用，以保证使用参数估计和非参数估计结果的一致性。Noltze 等人（2012）利用双门槛模型对 SRI 技术采用进行了研究，以克服选择偏倚问题。

相关学者意识到农业技术采用并不是静态的一次性决策行为，而是一个动态过程，因此利用纵向面板数据进行实证分析的研究越来越多。Leggesse（2004）利用埃塞俄比亚农户数据分析了不同变量对农户采用化肥和除草剂速度的影响。Alcon 等人（2011）利用持久期分析方法分析了西班牙滴灌技术扩散问题，并采用离散时间模型分析了不同因素对农业技术采用速度的影响。此外，学者逐渐认识到不确定性和风险对农户采用农业技术有着重要影响，因此把不确定性纳入模型分析结果会更准确。Lindner（2012）研究发现，农业技术采用行为存在不确定性，随着时间变化，农户掌握的农业技术相关的信息、经验以及与其他农户的交流会降低这种不确定性。Carey 和 Zilberman（2002）把未来发生干旱的概率和市场的不确定性等因素纳入了分析农户采用节水灌溉技术的研究。Jack（2009）对贫困地区农业技术采用的分析结果表明，新技术可能给农户带来较高收益，但由于不确定性和潜在风险的存在，农户在一般情况下不会贸然采用，这导致了最后的技术采用率较低。

另外，参与性农户评估法（Brocke 等，2010）、元胞自动机模型（Balmann，1997）、SEM 模型（Mohapatra，2011）、技术接受模型（Davis 等，1989）以及多智能体模型等分析工具也已经被广泛运用于农户农业技术采用的研究当中。

另外，学者更加关注农户的学习行为、人际网络对农业技术采用的影响。众多学者已经注意到学习行为对农业技术采用有重要影响，Leathers 和 Smale（1991）把农业技术采用的序贯决策视为一个由局部到整体的学习过程，并运用贝叶斯方法进行了验证。Besley 和 Case（1993）发展了一个关于学习的动态多元代理模型来说明改良棉花种子在印度扩散的过程。一些相关实证研究显示农户的学习行为在农业技术扩散过程中起到了显著作用（Cameron，1999；Wossen，2013）。作为社会资本中的重要组成部分，社会网络是由人际互动形成的相对稳定的关联体系。近年来随着社会网络在经济学中的广泛应用，人际网络对农业技术采用的影响也得到了关注。Foster 和 Rosenzweig（1995）对印度高产杂交玉米技术的采用过程研究发现，向邻居学习采用新品种玉米种植经验提高了农户的采用意愿。Anthony 和 Khorana（2001）对印度农户林业推广方式和农户农业技术采用的实证研究表明，农户除了从技术推广人员那里获得信息外，大众媒体和邻居也对信息的传递起着重要作用。Isham（2002）研究发现，具有更高社会资本水平，与其他农户交流频繁的农户采用农业技术的可能性更高。李伊梅和刘永功（2007）研究发现，社会网络可以增强农户的交流和互动，进而促进农户农业技术采用意愿。何子文和李鹏玉（2006）研究了山区农业技术采用，认为社会资本和传统生活习俗对农户采用农业技术有着重要影响。Goyal 和 Netessine（2007）研究发现，通过典型户传播信息能够有效减少周围农户的信息搜寻成本，进而促进农业技术的扩散。Conley 和 Udry（2010）对加纳菠萝种植农户的研究发现，农户对生产要素投入数量的决定的知识主要是通过社会网络获得的，社会网络可以使得相关农户进行新技术采用的交流和学习，能够加快农业技术信息在农户间的传播速度，提高农户对农业技术的认知度和接受程度，从而提升农业技术采用效果。Ambrus 等人（2014）的研究结果表明，与相邻产量高的农户的经验交流可以显著提高农户农业技术采用几率与效果，原因是人际网络既是农户获得农业技术的重要信息来源，又可以使农户通过交流更好地实施农业技术。

2.3.3 农户农业技术认知行为研究

无论是 Rogers 的创新扩散理论还是 Bass 的新产品增长模型，都把农户对农业技术的认知作为农户农业技术采用决策的首要环节。吴林海等（2011）以江苏省农户为研究对象，分析了农户对农药残留的认知，结果表明，家庭特征、地域、户主性别、年龄、文化程度、培训经历以及农户对农产品安全生产评价等因素显著影响农户的认知水平。黄玉祥（2012）研究了温室作物农户对节水灌溉技术的认知及其影响因素。研究结果表明，农户对节水灌溉技术的认知对该技术的采用存在重要影响，农户的个体特征、接受技术培训的经历、种植经验以及技术特征对其认知有显著影响。

赵肖柯和周波（2014）对湖南省水稻种植农户的农业新技术认知进行了研究，发现农户个体特征、信息诉求动机以及技术信息渠道是显著影响农户农业技术认知的主要因素。王静和霍学喜（2014）对苹果种植农户的研究结果表明，技术创新环境是影响农户技术认知分化的关键因素。李莎莎等（2015）对我国粮食主产区农户测土配方技术认知进行了分析，研究结果表明，农户自身特征、农户家庭资源禀赋特征、外部环境对农户的测土配方施肥技术认知有显著影响。内在因素中农户性别对其认知的影响力度最大。外在因素中，测土服务影响最大。何长辉等（2016）对橡胶种植户关于割胶技术的认知进行研究，结果表明，农户受教育水平、是否为村干部、性别及种植面积对农户的技术认知有显著影响。黄腾等（2018）对甘肃省农户节水灌溉技术认知及采用进行了研究，研究发现农户农业技术认知与年龄存在倒 U 形关系，性别、教育程度、村干部经历、农业种植结构、政府资金支持、政策认知与农户技术认知成正相关关系。郑适等（2019）对吉林省农户无人机技术认知及采用进行了研究，发现农户实际耕种面积、加入合作社等因素对农业技术认知有显著正向影响。

2.3.4　农户农业技术采用影响因素实证分析

国内外农业技术采用实证研究主要是依据相关理论分析影响农户农业技术采用的因素。由于不同的农户具有不同的资源禀赋和个体特征，这决定了农户对同一农业技术会产生不同的看法，进而采取不同的决策行为。相关学者对农业技术采用的影响因素进行了大量研究。主要包括以下几个方面。

（1）农户个体特征

农户个体特征一般包括农户户主年龄、农户户主接受教育程度、农户户主性别、农户户主政治身份等因素。

年龄是农户基本特征之一，农户的年龄对农业技术采用行为可能具有显著影响。一般认为农户户主年龄与农户农业技术采用成负相关关系，Norris 和 Batie（1987）对农户采用水土保持技术的研究表明，年龄大的农户接受新技术的意愿较低。Thirtle 等（2003）研究发现，农户的年龄与农户采用可持续发展技术显著负相关，原因是，年龄大的农户目光较为短浅，不愿意对土地进行更多的投资。张东风（2008）的研究表明，年龄越大的农户户主越不愿意采用新的农业技术。陆文聪和余安（2011）对农户关于节水灌溉技术采用的研究发现，年龄大的农户往往对水资源短缺问题缺乏认识，因此对新技术采用意愿较低。但是也有研究发现，年龄对农户采用农业技术的影响也可能是正向的，朱丽娟（2012）的研究发现，农户年龄越大，其农业生产经验越丰富，对于农业技术的优点认知越高，其对农业技术的采用率可能越高。此外，也有研究表明年龄可能与农业技术采用不存在任何关联（Mclean Meyinsse 等，1994）。

农户接受教育程度对农户采用农业技术具有正向影响。原因是教育可以提高农户对新的农业技术的接受、消化和吸收能力，因而会增强新技术运用效果。Ervin（1982）对农户采用水土保持技术的研究表明，文化程度高的农户采用该技术的概率更高，采用的时机更高。Strauss 等人（1991）、林毅夫等人（1994）的研究同样得出了相同结论。苏岳静（2004）对农户采用新品种棉花的研究发现，受教育程度高的户主更愿意采用抗虫棉技术。储成兵和李平（2013）对农户采用转基因生物技术的研究表明，农户受教育程度越高，对新技术的接受程度会越高。但 Mahmud 和 Gunnar（2009）的研究发现，对于从事特定农业生产的农户，如果农户之间教育水平差距小，教育程度对农户技术应用没有显著影响。Kingsbury 和 Boggess（1999）研究发现农户受教育程度与采用农业技术可能是负相关关系。

农户户主性别也是众多研究者考察农业技术采用影响因素时关注的一个方面。从目前的研究来看，性别对于农户农业技术采用的影响尚不明确。通常认为作为一家之主，男性在家庭中处于主导地位，对生产经营具有决策权，同时男性对外交流较女性更为频繁，信息渠道更广，因此男性户主对农业技术的采用可能更大。宋军（1998）发现性别差异会影响农户对不同类型农业技术的采用，男性偏好新品种技术，女性偏好劳动力节约型技术。Bonabana Wabbi（2002）研究发现，户主为男性的农户采用农业技术的意愿更积极，原因是男性对待风险的态度较为积极。Doss 和 Morris（2001）的研究也证明了户主为女性的农户采用农业技术的比例低于男性户主的农户。当然，也有研究者得出了相反的结论。苏岳静（2002）对农户采用抗虫棉技术的研究表明，性别对农户的选择影响不显著。韩军辉和李艳军（2005）对农户新品种种子采用的研究也表明，性别不是影响农户采用新品种的显著因素。

农户政治身份是指农户是否为村干部或党员。一般认为，与普通农户相比，担任村干部或为党员的农户会拥有更加开阔的视野，对新鲜事物接受快，同时担任村干部或身份为党员的农户一般是村里的“领导者”或“话事人”，其生产经营行为会直接带动和影响其他农户的生产行为。这些农户往往也是新技术的最先采用者，可以起到技术推广的示范作用，因此担任村干部或政治面貌为党员的农户采用农业技术的可能性会更大。

（2）农户资源禀赋

在资源禀赋方面，研究者主要关注耕地禀赋、劳动力资源、资本投入等生产要素对农业技术采用的影响。国内外学者大多认为农户拥有的耕地面积对农业技术采用有正向影响。Lee 和 Stewart（1993）的研究表明，农业技术的采用会影响农户资源配置方式，如果新的农业技术固定成本投资较多的话，会影响种植面积小的农户对该项技术的采用意愿。林毅夫（1994）的研究表明种植规模大的农户采用农业技术的意愿更高，原因是出于成本收益考虑，种植面积大的农户不采用新技术会承受更大的机会成本。Shennan 等人（2001）对美国农户采用病虫害综合防治技术的意愿进行了研究，发现种植规模大的农户采用该技术意愿较高。周波和于冷（2010）根据要素诱致性技术创新理论对农业技术采用的研究表明，农户规模是影响农业技术采用的基本因素之一，耕地规模对农业技术采用的影响主要取决于技术自身特点和相关制度设计。曹建明等（2005）发现，耕地规模之所以对农业技术采用有正向影响，原因是农户规模可以有效降低新技术采用所产生的固定成本，因此耕地规模偏小会阻碍现代农业技术的采用，这也解释了为什么大农户采用农业技术的速度往往要高于小农户。王志刚（2007）的研究也发现农户种植规模与农业技术采用之间有显著的正相关关系。廖西元（2006）的研究同样证明了农户家庭耕地面积越大，其采用农业技术的概率越高。当然也有实证研究表明，耕地面积与农户农业技术采用或许并不存在必然的正相关性。如 Grieshop 等人（1988）、Waller 等人（1998）的研究发现农户耕地面积对采用农业技术没有显著影响。国内学者也有类似发现，如孔祥智（2004）发现耕地规模对农业技术采用的正向影响并不显著。周宁馨等（2014）对辽宁省农户采用病虫害综合防治技术的研究表明，耕地面积对农户采用农业技术有显著的负向影响。

劳动力资源主要包括农户拥有的劳动力人数、家庭收入水平、农户家庭生产结构。Macnamara 等人（1985）研究发现，家庭劳动力数量对农户采用农业技术有显著正向影响，尤其是当农业技术是劳动耗费型技术时，家庭劳动力少的农户选择该技术的概率会降低。Kaliba 等人（1997）对坦桑尼亚农户的研究表明，家庭拥有的劳动力数量对农户养殖技术采用有显著正向影响。Thangata 和 Alavalapati（2003）对非洲撒哈拉地区的农户采用农业技术的研究也得出相同的结论。

家庭收入是农户一种重要的禀赋资源，家庭收入高的农户承担风险的能力强，获得农业技术的可能性更高。Abdulai（2005）研究表明家庭收入是影响农户技术采用的重要因素。Batz（1999）也发现收入对农业技术采用具有正向影响。董鸿鹏等（2007）发现家庭收入会影响农户采用的技术类型，具体而言，家庭收入越高的农户采用劳动节约型技术的意愿越高。Khanna（2001）认为农业技术采用离不开资金支持，家庭收入高的农户更有能力支付引进农业技术所需的成本。

农户家庭生产结构主要是指非农产业占农户收入的比重或农户的兼业程度。Manamara 等人（1991）对花生种植农户的研究发现，非农收入占家庭收入比重越高，农户采用农业技术的意愿越低。Fernandez Cornejo（1996）对水果种植户的研究也得出了相同结论。吴乐（2011）分析了农户外出打工收入对农户采用农业技术的影响，研究表明外出务工时间与农户采用农业技术的意愿成负相关关系。但同时也有学者发现农户兼业化程度对农业技术推广有正向影响。宋军和胡瑞法（1998）研发发现兼业化程度高的农户选择先进技术的比例更高。李光明和徐秋艳（2012）对干旱地区农户采用节水农业技术的分析表明，家庭非农业收入比例高对农户采用节水技术有正向影响。此外，朱明芬和李南田（2001）研究发现，农户兼业程度与技术采用的关系为倒 U 形关系。

（3）外部环境

外部环境主要是指政府相关机构对农户进行的农业技术培训，农业技术推广的途径及力度，农户是否能够获得足够的信贷资金等方面。

技术培训是影响农户农业技术采用的重要因素。McNamara 等人（1991）研究表明，政府机构组织的培训对农户采用农业技术有正向影响，原因是接受农业技术培训的农户对技术的原理和使用技巧了解得更彻底，因此会提高农户采用意愿。Nyankanga 等人（2004）对农户采用 IPM 技术的研究发现，农户对该技术采用意愿低的重要原因是农户接受的培训不足，因而无法掌握该技术在实践中的运用技巧。Escalada 和 Heong（2007）的研究也发现，农户接受培训不足，对农业技术相关知识不足会阻碍农业技术的推广效果。张耀刚和应瑞耀（2007）对农户的实证研究发现，培训可以显著提高农户对农业技术的需求。喻永红和张巨勇（2009）发现农户是否参加农业技术培训会显著影响其采用农业技术的意愿。

农业技术推广是农户获得农业技术信息的重要途径。政府相关机构建立农业技术推广服务体系可以促进农业技术的推广。Wozniak（1987）研究发现，与农业推广部门联系紧密的农户采用农业技术的意愿更高。Sheikh 等人（2003）的研究也表明农户与农业技术推广的联系次数是影响农户采用农业技术的重要因素。朱希刚和赵绪福（1995）、罗小娟（2013）等研究表明，农业技术推广员对农户采用农业技术有显著正向影响。其原因是，农业技术创新具有公共产品性质，不能完全通过市场交换完成，因此，政府在农业技术创新及扩散过程中有着重要的作用。当然也有研究表明，政府主导的农业推广体系也存在着一些问题。徐勋华（2007）的研究表明，我国现行农业技术推广体制对农户农业技术采用存在制约作用。Chen 等人（2006）对中国农户采用节能灶的研究发现，政府在推广该技术时忽略了农户的需求和方便性，阻碍了该技术的推广。旷宗仁（2011）指出，目前中国的农业技术推广体制、理念、方法不能满足农户对农业技术的需求，影响了农业技术的推广效果。因此，在政府为主导的技术推广中，常常会发生农户的个体理性与政府的集体理性之间的不一致性。就此，一些学者认为政府应该将农业技术推广权力下放，增加农业技术推广的分散性和层次性，这有助于提高农业技术推广效率。Karuhanga 等人（2013）研究发现，政府将推广权力下放后，可以提高农户参与农业技术推广的积极性，同时与不同类型农户交流时应该采取多种方式，从而提高农业技术推广的效率和公平性。

资金可得性是一个影响农户采用农业技术的重要因素。Croppenstedt（2003）研究表明，农户往往是资金短缺的，如果不能获得信贷支持，即使愿意采用农业技术，这种意愿也是无法得到实施的。Jeremy（2003）的研究也表明，信贷不足是制约农户尤其是小农户采用农业技术的重要因素。刘光俊（2008）研究了我国农村政策性贷款对农户采用农业技术的支持力度，发现力度明显不足。Abate 等人（2012）研究发现，政府对农村金融机构的支持力度与农户采用农业技术成正相关。钱加荣（2011）研究了补贴对农户采用农业技术的影响，发现补贴可以提高农业技术采用率，但不能保证农户会持续使用农业技术。

（4）风险

风险是影响农户采用农业技术的一个重要因素。Bultena 和 Hoiberg（1983）研究发现，那些愿意采用农业技术的农户一般具有更强的风险偏好。Greene 等人（1985）研究发现，农户在决定是否采用农业技术时，会对该技术的潜在风险进行判断并据此进行决策。Huang 等人（1996）研究发现，农户使用化肥过量的原因就是担心化肥不足会导致减产风险。Boucher 和 Guirkinger（2008）发现，如果农户不能准确判断农业技术的风险，就往往不愿意运用自己的储蓄投资农业技术，也不可能通过信贷进行投资。由于风险会制约农户采用农业技术，因此，抑制风险可以促进农户采用农业技术。Bosch（1994）认为，保险能够有效降低农户对风险的厌恶，进而促进农业技术的扩散。Carter 等人（2016）研究发现，解决保险中存在的信息不对称和交易成本问题，能有效促进农户农业技术采用。

（5）社会资本与社会网络

随着社会资本理论的兴起，有学者将社会资本理论引入到农业技术采用分析中，力图利用社会资本来解释技术采用与技术扩散。而社会网络作为一种特殊的社会资本，能够给农户提供物质资本、信息资源以及情感支持，已经成为农户农业技术采用行为的重要解释变量（曾明彬和周超文，2010）。农业技术从产生到被农户接受是一个众多主体参与、在时间上和空间上不断传递的过程，这一传递过程要受到各个主体之间的社会关系的影响，农户之间的交流、学习、资金与资源的支持，都要依靠社会网络来进行。Watts 和 Strogatz（1998）认为社会网络具有高度密集和较短的传播途径，因此可以加快技术扩散的速度。Conley 和 Udry（2010）认为社会网络可以降低农户采用农业技术的不确定性，因此在农业技术采用过程中起着重要作用。关于社会网络在农业技术采用和扩散方面的作用，目前研究主要有两种观点：一是社会网络有助于农户之间低成本地共享资源，从而对农户生产决策产生影响；二是社会网络是一种信息共享机制，如 Ramirez（2013）的研究表明，农户主要是通过亲戚朋友关系来传播技术信息的。Genius（2014）研究发现，农户可以通过社会网络互动交流，获取有效信息增加自己的知识积累，提高技术利用效率。

除上述影响因素外，学者们还研究了其他一些特殊因素对农户农业技术采用的影响。Pitt 和 Sumodiningrat （1991）研究了气候、地形对农户农业技术采用的影响。祝华军和田志宏（2013）研究了城镇化对农户采用低碳农业技术的影响。Ziberman（1991）研究了工资水平和产出价格不确定性对农户采用农业技术的影响。

2.3.5　农业技术采用绩效分析

目前，针对农业技术采用绩效分析，主要集中在农业技术对产量、收入以及生态环境影响三个方面。由于针对不同的农作物有不同的农业技术，因此上述三种效应的研究结论也存在差异。

（1）农业技术对农作物产量的影响

Fernandez Comejo 和 Ferraioli（1999）对西红柿种植农户采用病虫害防治技术的效应进行了分析，发现该技术对西红柿产量的影响并不显著。Daku 等人（2002）研究了病虫害防治技术对橄榄树产量的影响，发现该技术能有效提高橄榄产量。王金霞和张丽娟（2010）对我国黄河流域农户保护性耕作技术的研究表明，保护性耕作技术对小麦和玉米的单产影响并不显著。李丹（2012）对贵州水稻农户采用病虫害综合防治技术的研究表明，病虫害综合防治技术可以使得76.07%的稻田增产。赵连阁和蔡书凯（2013）对安徽省水稻种植农户的研究表明，化学防控技术和生物防控技术均能有效提高水稻产量，但物理防控技术对水稻的增产效应并不明显。张成玉和肖海峰（2009）研究了测土配方技术对水稻增产的效应，研究结果表明，测土配方技术可以使得水稻每亩产量增加。罗小娟等（2013）对水稻种植农户的调查研究表明，在其他条件不变的情况下，测土配方技术采用率每增加1%，化肥施用量会减少0.09%，水稻单产会提高0.04%。刘芬（2016）对陕西省水稻产区的研究表明，测土配方技术带来的水稻增产率为15.7%。夏厚禹（2017）对吉林省玉米种植农户的研究表明，测土配方技术可以明显提高玉米经济产量和养分吸收量，从而起到提高玉米产量与质量的作用。

（2）农业技术对农户收入的影响

农户采用农业技术的目的之一就是要不断提高农业生产效率，推进农业与其他产业的融合，达到增加收入的目的。对于农业技术的增收效应，也有大量学者进行了实证研究，研究重点主要放在农业技术对农业生产成本的影响。McNamara 等人（1985）的研究发现，病虫害综合防治技术对农业生产成本没有显著影响。Yee 和 Ferguson（1996）研究了病虫害综合防治技术对棉花种植农户的影响，发现农户采用该技术后反而增加了农药施用量，进而增加了棉花种植的成本。Fernandez Cornejo（1998）的研究表明，病虫害综合防治技术的采用虽然会减少农户杀虫剂和杀菌剂的使用，但技术采用农户与未采用农户在产品、利润和农药的施用量上并没有显著差异。

刘道贵（2005）对棉花种植农户的研究同样表明，病虫害综合防治技术可以降低 12.1% 的农药成本。欧高财（2014）的研究表明，如果能够实现病虫害防治技术的统防统治，可以显著提高经济效益。刘芬（2016）通过对水稻种植户的研究表明，测土配方技术可以实现节约成本的目标。

（3）农业技术对生态环境的影响

巨晓棠和谷保静（2014）研究发现我国化肥利用率较低，因此如果采用测土配方技术有针对性地施肥，可以提高化肥利用率，减少二氧化碳的排放量。高春雨和高懋芳（2016）的研究发现测土配方技术对于减少农业生产区化肥施用量及温室气体减排具有重要作用。张聪颖等（2017）对苹果主产区的苹果种植户进行了研究，结果表明采用测土配方技术的农户比没有采用测土配方技术的农户有机肥投入比例高出 23%，说明测土配方技术可以有效改善当前施肥结构，有助于解决农业面源污染问题。

2.3.6　研究综述

综上所述，国内外学者对农户农业技术采用相关问题进行了丰富的研究，农业技术采用研究已经成为相当完善的理论体系。基于利润最大化、风险最小化的假定，研究了农户农业技术采用的动机；利用边际收益分析方法、均衡分析方法进行了规范分析和实证分析。总体来看，农业技术采用研究趋势表现为研究方法由静态研究转向动态研究，研究基础由单学科向交叉学科转向，研究内容由理论研究转向实证研究。现有研究已经形成了较为完善的理论框架和固定的方法与模型，产生了大量研究成果，也为本研究奠定了基础。现有研究仍存在发展空间：一是现有文献多把农户农业技术采用行为视为一个静止的二元选择问题加以研究，未将农业技术视为一个动态变化或多阶段的过程，忽视了农户在技术采用中的学习行为，没有区分农户在技术采用过程中存在的试用、采用等行为。无法准确全面地分析农户农业技术采用的内在逻辑和影响因素。二是现有研究多侧重于农户采纳某项具体农业技术，聚焦于单项农业技术对产量与收益的影响，对于包含多项子技术的集成农业技术研究较少。基于以上研究现状，本书借鉴以往研究成果，推导农户农业技术采用的经济机理，以柑橘种植农户为研究对象，构建农户采用农业技术的分析框架，深入探讨农业技术采用影响因素及其效应，为我国农业技术推广政策创新提供理论与实证支持。

第 3 章　柑橘绿色管护技术采用机理分析

3.1　柑橘绿色管护技术需求供给主体分析

3.1.1　柑橘绿色管护技术需求主体

柑橘绿色管护技术需求主体为柑橘种植农户。如前所述，农户是依血缘与婚姻关系建立的农村家庭，是中国农村集经济与社会功能于一体的农业生产的基本单位和组织。作为微观生产单元，农户的行为选择不仅关系到自身的发展，也关乎国家经济发展战略的实现以及我国农业的可持续发展。目前，我国农村实行的家庭联产承包经营体制，形成了我国农村典型的小农经济现状，具体表现就是单个农户种植面积较小。小农经济是一种讲究精耕细作的劳动密集型农业生产方式，机械化程度较低，单个农户资源禀赋有限，抵抗风险能力较差。近年来，中央开始提出家庭农场的概念，提倡在家庭联产承包体制下，积极、合理、有序地引导农村个体家庭承包经营权适当流转，发展家庭农场或种植大户，通过实现种植大户的规模化、集约化、产业化，来推动农业产业的发展。与传统的小农经济相比，家庭农场或种植大户是农业规模化和专业化的代表，可以有效克服小农经济的一些弊端。本研究中把家庭农户和种植大户都归为柑橘种植农户。

3.1.2 柑橘绿色管护技术供给主体

柑橘农业技术的供给主体主要包括国家现代柑橘产业技术体系、各级农业果业主管部门、政府农技推广中心、各级水果站、涉农企业、农民专业合作社、行业协会等。

现代农业产业技术体系是2007年中央为全面贯彻落实党的十七大精神，加快现代农业产业技术体系建设步伐，提升国家、区域创新能力和农业科技自主创新能力，为现代农业和社会主义新农村建设提供强大的科技支撑，在实施优势农产品区域布局规划的基础上，由农业部、财政部依托现有中央和地方科研优势力量和资源，启动建设的以主要农产品为单元、产业链为主线，从产地到餐桌、从生产到消费、从研发到市场各个环节紧密衔接、服务国家目标的现代农业产业技术体系。现代农业产业技术体系将按照优势农产品区域布局规划，依托具有创新优势的中央和地方科研资源，针对每一个大宗农产品设立一个国家产业技术研发中心（由若干功能研究室组成），并在主产区建立若干个国家产业技术综合试验站。主要职能是围绕产业发展需求，进行共性技术和关键技术研究、集成和示范；收集、分析农产品的产业及其技术发展动态与信息，为政府决策提供咨询，向社会提供信息服务，为用户开展技术示范和技术服务，为产业发展提供全面系统的技术支撑；推进产学研结合，提升农业区域创新能力，增强我国农业竞争力。国家现代柑橘产业技术体系就是首批启动的50个体系之一。

国家现代柑橘产业技术体系在财政专项资金支持下，根据柑橘产业链，针对从种植到加工各个环节设立了技术研发岗位，在柑橘优势产区内设立了综合试验站。其中技术研发岗位主要依托高等农业院校设立，主要职能是依据柑橘产业发展，结合柑橘种植农户的技术需求，从事柑橘产业发展所需要的基础性研究和共性技术研究。综合试验站的主要职能是联合政府各级技术推广站，在柑橘重点生产县开展柑橘农业技术的实验、示范，并对柑橘种植农户开展技术培训等服务，同时收集柑橘种植急需的技术以及市场信息。目前，国家现代柑橘产业技术体系已经成为柑橘产业重要的技术研发和供给者。

农业果业主管部门、农机推广中心、水果站主要是通过信息传播、政策引导、资金支持等途径开展技术公共服务，引导柑橘种植农户采用农业技术。各级主管部门通过现代媒体向柑橘种植农户传递技术信息，通过生产资料补贴和信贷优惠，引导农户调整生产技术，通过基础设施投资为柑橘种植农户提供物质条件。

此外，涉农企业、农民专业合作社、相关行业协会，以提供农业技术服务为纽带，补充了柑橘产业技术创新和推广服务。

综上所述，柑橘产业技术市场由技术需求方和技术供给方共同组成。市场驱动力是价格机制。一方面市场中的技术创新者和推广者为柑橘种植农户提供了各种农业技术，另一方面，在利润最大化和风险规避导向下，柑橘种植农户根据自己的资源禀赋，对农业技术需求做出了决策。柑橘农业技术的供求共同推动了柑橘农业技术市场的不断发展。

3.2　柑橘种植农户技术选择行为分析

在新古典经济学假定下，农户生产决策是在既定资源约束下追求效用最大化。以往针对农户效用函数的研究往往只考虑收入或时间对农户的约束，但农户作为生产、消费一体化的基本单位，如果仅仅把其作为消费者进行研究是不完整的。必须也考虑农户作为生产者对自身决策的影响。因此本研究从生产、消费两个角度研究农户的生产决策，同时考虑技术约束和生态环境对农户生产决策的影响。

考虑农户采用柑橘绿色管护技术后，农户家庭效用函数为 $U(C, E, T_L)$，C 为农户的消费，E 为生态环境质量，E 是农户采用柑橘绿色管护技术函数，$E=E(g)$。农户的效用随着消费的增加而增加，因此有 $\partial U/\partial C > 0$。农户采用柑橘绿色管护技术，会降低资源消耗，提高环境质量，这也会给农户带来正的效用，因此 $\partial U/\partial C > 0$。假定农户用于休闲的时间为 T_L，农户的效用也随着休闲时间的增加而增加，因此 $\partial U/\partial T_L > 0$。农户效用最大化可以通过以下约束条件得到：

$$\max: U(C, E, T_L) \tag{3-1}$$

$$\text{s.t. } PQ-P_kK+T_wW_\phi-P_cC \leqslant 0 \tag{3-2}$$

$$T_w+T_L(\xi)+T_r \leqslant T \tag{3-3}$$

$$E=E(E_0, \xi, R) \tag{3-4}$$

式（3-2）表明农户的收入来自两个方面，即农户柑橘生产销售获得的收入、农户非农收入。其中，农户柑橘收入由柑橘产量、销售价格以及柑橘生产成本所决定。其中柑橘产量又受到生产要素投入、劳动时间投入、生态环境的影响。农户的柑橘收入就是 $PQ-P_kK$，其中 P 为柑橘销售价格，Q 为柑橘产量，P_k 为生产要素价格，K 为要素投入数量。其中柑橘产量 $Q=Q\big(T_L(\xi), K(\xi), E\big)$，$T_L(\xi)$ 为农户用于柑橘生产的时间，$K(\xi)$ 为农户投入资本，农户用于柑橘生产的时间以及资本量又受到柑橘绿色管

护技术采用程度 ξ 的影响，E 为生态环境。农户非农收入是指农户从事非农劳动获得的收入，T_w 为农户从事非农生产的时间，W_ϕ 为农户从事非农生产获得的单位工资。

式（3–3）为柑橘种植农户的时间约束，即农户的时间 T 可以分为三部分：柑橘种植时间、从事非农生产时间以及休闲时间。

式（3–4）表示农业生产的生态环境质量，生态环境质量受初始生态环境质量 E_0、农户采用柑橘绿色管护技术的程度 ξ 以及其他外生变量 R 的影响。

构建拉格朗日方程：

$$L=U(C, E, T_R)+\lambda(PQ-P_mK(\xi)+T_wW-PC_c)+ v[T-T_w-T_L(\xi)-T_R] \tag{3-5}$$

对各变量求偏导，并令其等于零，求解农户效用最大化条件。

$$\frac{\partial L}{\partial C}=\frac{\partial U}{\partial C}-\lambda P_c=0 \tag{3-6}$$

$$\frac{\partial L}{\partial E}=\frac{\partial U}{\partial E}+\lambda P\frac{\partial Q}{\partial E}=0 \tag{3-7}$$

$$\frac{\partial L}{\partial T_R}=\frac{\partial U}{\partial T_R}-v=0 \tag{3-8}$$

$$\frac{\partial L}{\partial T_L}=\lambda P\frac{\partial Q}{\partial T_L}-v \tag{3-9}$$

$$\frac{\partial L}{\partial T_w}=\lambda W-v=0 \tag{3-10}$$

$$\frac{\partial L}{\partial K}=\lambda\left(P\frac{\partial Q}{\partial K}-P_m\right)=0 \tag{3-11}$$

$$\frac{\partial L}{\partial \xi}=\frac{\partial U}{\partial E}\frac{\partial E}{\partial \xi}+\lambda P\left(\frac{\partial Q}{\partial E}\frac{\partial E}{\partial \xi}+\frac{\partial Q}{\partial T_L}\frac{\partial T_L}{\partial \xi}+\frac{\partial Q}{\partial K}\frac{\partial K}{\partial \xi}\right)-$$

$$\lambda P_k\frac{\partial K}{\partial \xi}-v\frac{\partial T_L}{\partial \xi}=0 \quad (3-12)$$

$$\frac{\partial L}{\partial \lambda}=PQ-P_mK(\xi)+T_wW-PC_c=0 \quad (3-13)$$

$$\frac{\partial L}{\partial \lambda}=T-T_w-T_L(\xi)-T_R=0 \quad (3-14)$$

由式（3–6）可以得到边际消费效用$\frac{\partial U}{\partial C}=\lambda P_c$，由式（3–8）可以得到休闲时间对农户的边际效用$\frac{\partial U}{\partial T_R}=v$；由式（3–10）可以得到 $\lambda W=v$，因此，农户购买商品与休闲之间的替代比率是农户非农生产单位与商品价格之比$\frac{\partial U}{\partial T_R}\Big/\frac{\partial U}{\partial C}=\frac{W}{P_c}$。

由式（3–9）可得 $\lambda P\frac{\partial Q}{\partial T_L}=v$，即 $P\frac{\partial Q}{\partial T_L}=\frac{v}{\lambda}$，而$\frac{v}{\lambda}=W$，其中 $P\frac{\partial Q}{\partial T_L}$为农户投入柑橘种植中的劳动的边际产值，这表明，当农户非农生产获得的单位工资等于农户柑橘种植劳动边际产值时，可以实现最优。

由式（3–7）可得$\frac{\partial U}{\partial E}=-\lambda P\frac{\partial Q}{\partial E}$，由式（3–6）可得$\frac{\partial U}{\partial C}=\lambda P_c$，因此$\frac{\partial U}{\partial E}\Big/\frac{\partial U}{\partial C}=\frac{P}{P_c}\frac{\partial Q}{\partial E}$。这表明农户从购买商品中获得的效用对农户从生态环境中获得边际效用替代率等于边际生态环境价值与柑橘价格及商品购买价格的乘积。这个乘积为负值表明农户从生态环境中获得的效用与从购买商品中获得的效用存在替代关系，即农户如果关注购买商品获得的效用可能会忽视对生态环境的保护。

柑橘绿色管护技术采纳是本书的重点研究对象，对式（3–12）进行变化可得：

$$\frac{1}{\lambda}\frac{\partial U}{\partial \xi}+P\frac{\partial Q}{\partial \xi}-P_k\frac{\partial K}{\partial \xi}-\frac{v}{\lambda}\frac{\partial T_L}{\partial \xi}=0 \tag{3-15}$$

$$\frac{\partial U}{\partial \xi}=\frac{\partial U}{\partial E}\frac{\partial E}{\partial \xi},\ \frac{v}{\lambda}=W,\ \frac{\partial U}{\partial C}\Big/P_c=\lambda$$

带入式（3–15）中，可得：

$$\left(P_c\Big/\frac{\partial U}{\partial C}\right)\frac{\partial U}{\partial \xi}+P\frac{\partial Q}{\partial \xi}-P_k\frac{\partial K}{\partial \xi}-W\frac{\partial T_L}{\partial \xi}=0 \tag{3-16}$$

式（3–16）中第一项为柑橘绿色管护技术使得生态环境提高给农户带来的边际效用，第二项为柑橘绿色管护技术采用的边际收益，第三项是农户采用柑橘绿色管护技术的边际成本，第四项为农户采用柑橘绿色管护技术从事柑橘种植的劳动边际成本。这表明，农户会综合考虑采用柑橘绿色管护技术带来的各种影响，当采用柑橘绿色管护技术带来的效用超过技术成本时，农户才会决定采用该技术。

3.3　农业技术采用阶段划分

农户农业技术采用行为是一个连续且多阶段的过程。这一过程包含了农户对农业技术的了解、思考、评估、采用等环节。关于行为过程的分析主要有以下几种理论。

3.3.1　Rogers 创新决策过程

Rogers 认为农业技术从创新到采用共有 5 个连续的过程（见图 3–1）：① 认知阶段。这一阶段农户通过各种途径和渠道了解农业技术的相关信息，初步了解该项农业技术的作用、特点。② 说服阶段。这一阶段农户会通过各种渠道加深对农业技术的了解，例如农户可以向技术推广人员咨询，或者和其他已经采用该技术的农户交流，来获取该技术的采用方法及原理，通过对该技术的进一步了解可以降低采用该技术的风险。③ 评价阶段。在这一阶段，农户会根据自己拥有的信息对该技术做出评价，并决定是否选择采用该农业技术。④ 试用阶段。这一阶段，农户会通过小规模的试用来进一步评价该农业技术的效果，以判断采用该技术带来的后果。⑤ 决策阶段。这一阶段农户根据试用阶段获得的技术采用效果、技术实施情况，做出是否采用该技术的决策。Rogers 认为具体到对某一项农业技术的采用，采用过程可能并不会严格按照顺序经过 5 个阶段，在实践中，农户的决策会跨越一个或多个阶段。

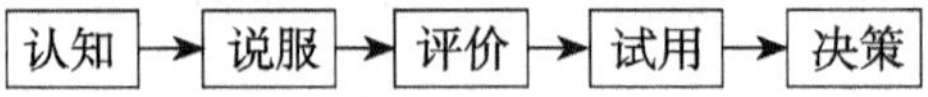

图 3–1　Rogers 创新决策模型

3.3.2　Spence 行为过程

Spence 认为技术采用主要包括认知、兴趣、尝试及采用或拒绝。他认为农户农业技术采用行为是发生在农户对农业技术尝试之后进而对该技术进行评价的结果。如果农户对农业技术采用效果评价满意，则意味着农户会进入到对该技术尝试接受的阶段。如果农户在尝试采用后持满意态度，则会采用该技术，否则就会拒绝该技术并寻找其他技术重新进行尝试、评价。Spence 技术采用行为过程如图 3–2 所示。

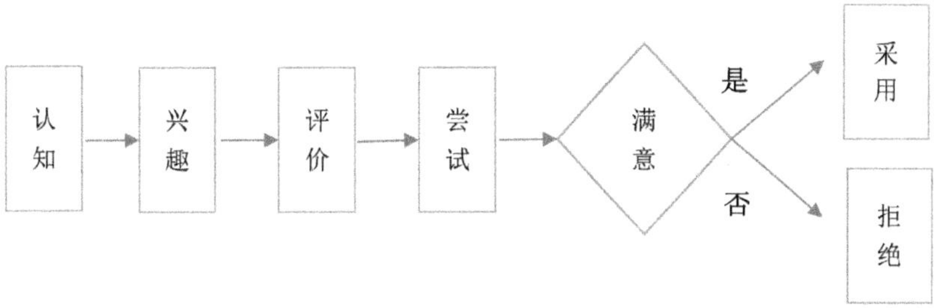

图 3-2　Spence 技术采用过程模型

与 Rogers 的模型相比，Spence 的技术采用过程模型多了一个环节，即尝试环节，由于新的农业技术往往具有不确定性，采用会存在风险，因此农户在进行技术采用决策时，往往会先进行小范围的尝试，观察其效果后再作决策，因此，Spence 的模型更符合现实。另外，Spence 注意到了，即使农业在采用了一项技术后，也不意味着农户会一直采用该技术。实践中农户会根据技术采用效果来决定是否在更大范围内采用。

3.3.3　Klonglan–Coward 行为过程

Klonglan 和 Coward（1970）提出了象征性行为过程。如图 3-3 所示，该行为过程认为个体在采纳某一新技术时，首先要对该技术的基本属性以及特征进行认知，获得相关信息，在对信息进行识别、消化之后进行评价。象征性行为过程理论把对新技术的采用行为分成两个行为，即象征性行为和实际行为。评价阶段实际上是采用主体在心理上接受新技术，即产生象征性采用，象征性采用发生在采用主体对新技术认知、信息识别和评价阶段之后，象征性采用行为是采用主体进行技术尝试的必要而非充分条件。此外，采用主体会根据尝试的结果做出是否采用该技术的评价。从尝试阶段到采用阶段存在两个结果，一是尝试后觉得采用，即采用行为发生；二是尝试后会因为种种原因拒绝采用。

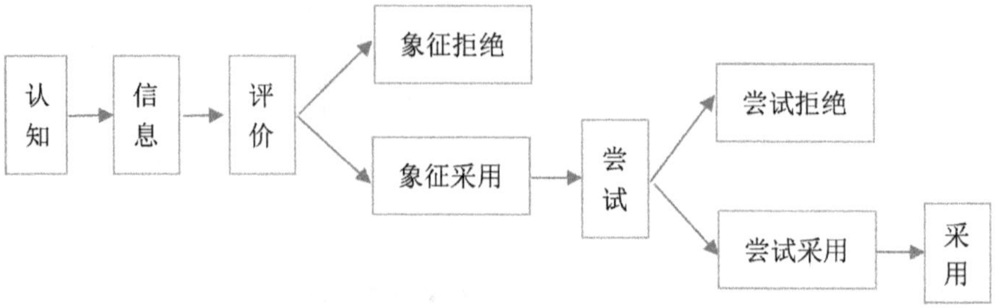

图 3-3　Klonglan-Coward 行为过程

3.3.4　农户柑橘绿色管护技术采用的阶段划分

由上述主流行为过程模型的分析可知，学者们对个体技术采用行为过程的阶段划分存在自己的理论，并没有形成统一认识，但具有一致的逻辑规律，即基本都包括认知、评价、尝试、决策几个过程。本书借鉴上述模型并结合我国柑橘种植农户对技术采用行为的具体特征，将农户农业技术采纳行为分为 5 个环节：认知、决定采用、决定采用强度、效果评价、决定是否连续采用。即农户采用农业技术是一个多阶段过程，农户要在对技术了解、认可的基础上才会采用该技术，在认知的基础上农户再决定是否采用新技术。农户决定采用该技术还要考虑该技术的采用程度。最后，当农户采用该技术一段时间后还会考虑是否持续使用该技术，因为在实践中农户在使用某项技术一段时间后可能会由于种种原因放弃技术的使用（见图 3-4）。

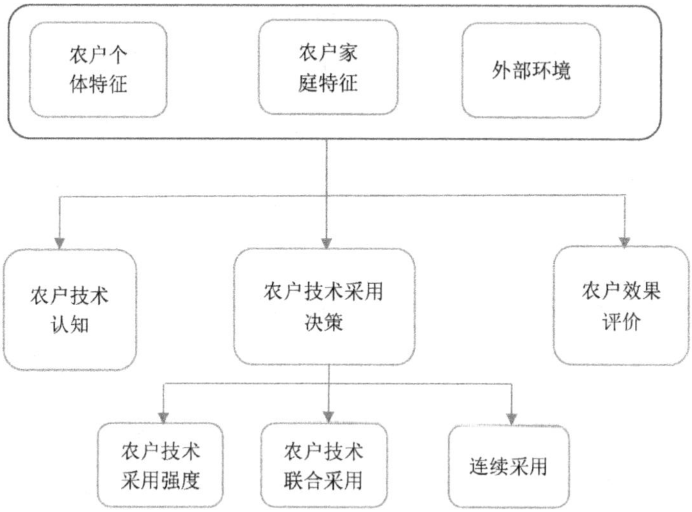

图 3-4　农户柑橘绿色管护技术采用阶段划分

3.4　农户柑橘绿色管护技术采用激励机制分析

农户对新农业技术选择行为还要受到经济主体之间博弈的影响，其中包括了农户与消费者之间的博弈、农户与农户之间的博弈、农户与合作组织之间的博弈、农户与政府及技术推广部门之间的博弈。本研究重点关注农户与消费者之间的博弈、农户与主管部门之间的博弈以及农户与农户之间的博弈。由于农户在实际上不可能掌握所有信息，因此本章主要在不完全信息的假定下考察各个经济主体之间的博弈。

3.4.1　柑橘种植农户与消费者之间的博弈

作为柑橘购买者对柑橘生产的过程信息不了解，也缺乏必要的专业知识，消费者对柑橘质量的判别主要依靠个人经验以及肉眼识别，对柑橘是否存在农药残留、重金属残留没有办法进行辨别。因此可以假定消费者对柑橘的质量状况是具有不完全信息的，由于消费者的不完全信息，农户可能存在机会成本，在生产中不采用柑橘绿色管护技术来生产劣质产品。同时，生产者对消费者的需求信息也是不完全的。这样，作为生产者的农户和作为消费者的柑橘购买者，在柑橘产品安全信息上存在不对称，形成了不完全信息静态博弈。

柑橘种植农户对生产技术的采用有两个策略选择，即“采用柑橘绿色管护技术，不采用柑橘绿色管护技术”。作为消费者的柑橘购买者在购买柑橘时同样有两个策略选择，即“购买，不购买”。双方策略选择的目的是实现各自效用的最大化。由于柑橘种植农户和柑橘购买者各有两种策略选择，因此博弈结果有 4 种情况，即、（采用柑橘绿色管护技术，购买）（采用柑橘绿色管护技术，不购买）（不采用柑橘绿色管护技术，购买）（不采用柑橘绿色管护技术，不购买）。上述 4 种结果可以用柑橘种植农户与柑橘购买者的效用值表示：（U_1，U_2），（$-U_3$，0），（U_4，$-U_5$），（$-U_6$，0）。

因为柑橘种植农户和柑橘购买者之间的信息是不完全的，柑橘购买者不清楚农户是否在生产中选择了柑橘绿色管护技术，农户可以将不采用柑橘绿色管护技术生产的柑橘以柑橘绿色管护技术下生产的柑橘以相同的价格进行销售。由于柑橘绿色管护技术采用成本要高于不采用柑橘绿色管护技术的采用成本，如果购买者选择购买，这时采用柑橘绿色管护技术的效用小于没有采用柑橘绿色管护技术的效用。如果购买者选择不购买，采用柑橘绿色管护技术的损失也要比没有采用柑橘绿色管护技术的损失大。对柑橘购买者而言，购买到采用柑橘绿色管护技术生产的柑橘获得的效用要比购买到没有采用柑橘绿色管护技术生产的柑橘大。当消费者购买到农户没用采用柑橘绿色管护技术生产的柑橘时，效用为负。因此上述柑橘种植农户与柑橘购买者在不同策略组合下获得效用之间存在如下关系：$U_4 > U_1 > 0$；$U_3 > U_6 > 0$；$U_2 > 0$；$U_5 > 0$。由此可以得到柑橘种植农户与柑橘购买者报酬矩阵（见图 3–1）。

表 3–1　柑橘种植农户与柑橘购买者报酬矩阵

策略	购买者购买	购买者不购买
农户采用	U_1，U_2	$-U_3$　0
农户不采用	U_4，$-U_5$	$-U_6$，0

另外，假定柑橘种植农户采用柑橘绿色管护技术的概率为 p_1，则其不采用柑橘绿色管护技术的概率为 $1-p_1$。柑橘购买者购买柑橘的概率为 p_2，不购买柑橘的概率为 $1-p_2$。

对于柑橘购买者而言，当其购买柑橘和不购买柑橘获得效用相等时，可以实现纳什均衡状态，即 $U(p_2=1)=U(p_2=0)$。由二者报酬矩阵可得：

$$p_2(U_2p_1-U_4+U_4p_1)=0 \tag{3-17}$$

对式（3–17）中的 p_2 求导，可得 $p_1=U_4/U_2+U_4$。当柑橘购买者的期望效用大于 0 时，购买者才会愿意购买柑橘，这就要求 $p_1 \geqslant U_4/U_2+U_4$。相反，则购买者不会购买柑橘。

由于柑橘购买者对于柑橘种植农户技术选择信息不了解，在购买柑橘时往往会预期柑橘种植农户处于成本和短期利益的考虑选择非柑橘绿色管护技术，因此柑橘购买者的最优策略选择为不购买柑橘，其效用为 0，大于购买时的负效用值 $-U_6$。柑橘种植农户意识到购买者的最优策略是不购买，其最优策略是不采用柑橘绿色管护技术。因此，不购买和不采用柑橘绿色管护技术就成为了柑橘购买者和柑橘种植农户之间的均衡解，最终结果是柑橘种植农户没有动力采用柑橘绿色管护技术。由此可知，当购买者不能确定农户是否采用柑橘绿色管护技术时，以及农户采用了柑橘绿色管护技术也得不到更高的价格时，会产生商品市场和技术采用市场的逆向选择。

3.4.2 柑橘种植农户与主管部门之间的博弈

柑橘种植农户在柑橘生产过程中也存在与主管部门的博弈。农户的策略选择仍然是采用或不采用柑橘绿色管护技术，主管部门的策略是对农户进行检查或不检查，如果主管部门发现农户没有采用柑橘绿色管护技术，可以对农户生产行为进行处罚。由于柑橘种植农户和主管部门各有两种策略选择，因此博弈结果有 4 种情况，即（采用柑橘绿色管护技术，不检查）（采用柑橘绿色管护技术，检查）（不采用柑橘绿色管护技术，不检查）（不采用柑橘绿色管护技术，检查）。假定农户不采用柑橘绿色管护技术的收益为 c，不采用柑橘绿色管护技术且被主管部门发现会被罚款 d，主管部门进行检查所付出的监管成本为 e。则上述 4 种博弈结果的对柑橘种植农户和主管部门的报酬分别为：（0，0）、（$-c$，0）、（c，0）、（$d-e$，$c-d$）。由此可以得到柑橘种植农户与主管部门的报酬矩阵见表 3–2。

表 3–2 柑橘种植农户与主管部门报酬矩阵

策略	主管部门检查	主管部门不检查
农户采用	$-c$，0	0，0
农户不采用	$d-e$，$c-d$	0，c

再假定柑橘种植农户采用柑橘绿色管护技术的概率为 p_1，则其不采用柑橘绿色管护技术的概率为 $1-p_1$。主管部门的检查概率为 p_2，不检查的概率为 $1-p_2$。

给定主管部门检查的概率 p_2，则主管部门进行检查获得收益为 $-p_1e+$

$(1-p_1)(d-e)=(1-p_1)d-e$，而主管部门不进行检查获得收益为 $p_1\times 0+(1-p_1)\times 0=0$，对于主管部门来说这两种收益相等时选择检查或不检查是无差别的，即 $(1-p_1)d-e=0$，可以求得：

$$p_1=(d-e)/d=1-e/d \tag{3-18}$$

由式(3-18)可知，如果农户采用柑橘绿色管护技术的概率小于$(1-e/d)$，主管部门最优策略是不检查，如果农户采用柑橘绿色管护技术的概率大于$(1-e/d)$，主管部门应该进行检查。

通过上述分析还可以得知，农户采用柑橘绿色管护技术的概率与主管部门的处罚力度成正比，与主管部门的监管成本成反比。这是因为主管部门处罚力度越大，农户被检查未采用柑橘绿色管护技术的损失越大，这一定程度上会促使农户采用柑橘绿色管护技术。而主管部门的监管成本越大，意味着主管部门进行检查的概率会越低，农户不采用柑橘绿色管护技术的意愿就会提高。

给定农户采用柑橘绿色管护技术的概率 p_1，农户采用柑橘绿色管护技术和不采用柑橘绿色管护技术期望收益分别为：$q_1\times 0+(1-q_1)\times 0=0$，$q_1(c-d)+(1-q_1)c=c-q_1d$，当两种情况下期望收益相等时，表明农户采用柑橘绿色管护技术和不采用柑橘绿色管护技术是无差异的。即 $c-q_1d=0$。可得：

$$q_1=c/d \tag{3-19}$$

式（3-19）的结果表明，当主管部门的检查概率大于 c/d 时，农户的最优策略应该是采用柑橘绿色管护技术。当主管部门检查概率小于此概率时，农户的最优策略是不采用柑橘绿色管护技术。通过上述分析可以看出，主管部门是否进行检查取决于处罚力度和监管成本。处罚力度越大，主管部门进行检查的概率就会降低，原因是较高的处罚力度对农户的威慑力更大，致使农户采用柑橘绿色管护技术的可能性提高，主管部门可以相应地降低检查概率。

3.4.3 柑橘种植农户之间的博弈

现实经济中有众多农户进行柑橘种植，为了简化分析，假定农户是同质的，因此可以分析两个农户 A、B 之间的博弈研究其对柑橘绿色管护技术采用的情况。假定有两个农户进行生产，他们都有两个策略可供选择：采用或不采用柑橘绿色管护技术。假定农户采用柑橘绿色管护技术和不采用柑橘绿色管护技术的成本分别为 C_1 和 C_2，且 $C_1 > C_2$，两个农户产量分别为 Q_1 和 Q_2，销售价格分别为 P_1，P_2。在不完全信息市场中，农户采用柑橘绿色管护技术和不采用柑橘绿色管护技术的价格差异不大。因此两个农户的报酬矩阵见表 3–3。

表 3–3 柑橘种植农户之间博弈报酬矩阵

策略	B 购买者购买	B 购买者不购买
A 农户采用	$Q_1(P_1-C_1)$，$Q_2(P_2-C_2)$	$Q_1(P_1-C_2)$，$Q_2(P_2-C_2)$
A 农户不采用	$Q_1(P_1-C_1)$，$Q_2(P_2-C_1)$	$Q_1(P_1-C_2)$，$Q_2(P_2-C_2)$

由于 $Q_1(P_1-C_1) > Q_2(P_1-C_2)$，$Q_2(P_2-C_1) > Q_2(P_2-C_2)$，农户采用柑橘绿色管护技术相比不采用时处于价格劣策略，因此农户会选择不采用柑橘绿色管护技术来实现自身利益最大化。

3.5 研究框架

本研究第 4 章对赣南地区柑橘绿色管护技术采用概况进行简要介绍，对柑橘绿色管护技术组成进行说明。第 5 章分析农户个体行为、农户家庭特征、外部环境因素对农户柑橘绿色管护技术认知的影响。第 6 章分析农户柑橘绿色管护技术采用强度。第 7 章以病虫害综合防治技术为例分析农户对不同子技术联合采用行为及影响因素。第 8 章研究农户对柑橘绿色管护技术连续采用决策及影响因素。第 9 章对农户采用柑橘绿色管护技术绩效进行分析。第 10 章为政策激励，提出促进农户采用柑橘绿色管护技术的政策建议。根据上述分析，可以得出本研究的研究框架（见图 3–5）。

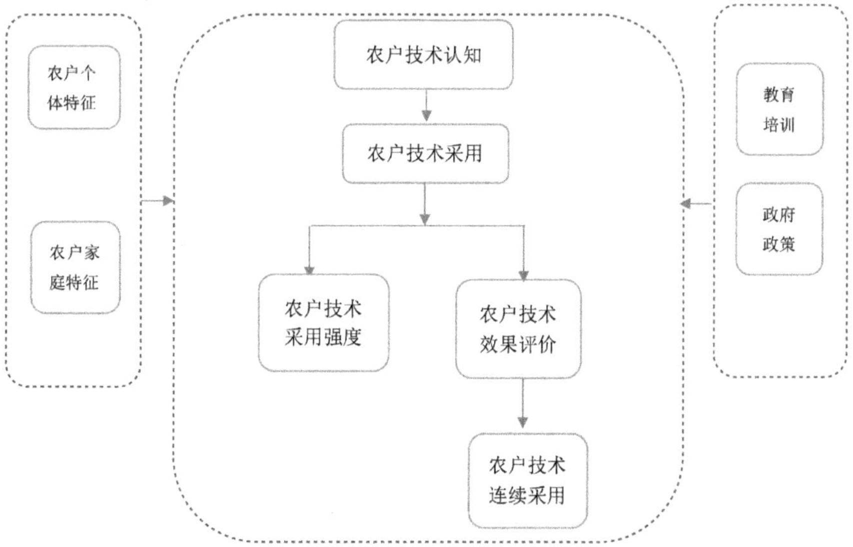

图 3–5　农户柑橘绿色管护技术采用的研究框架

第 4 章　赣州脐橙产业发展及绿色管护技术现状

第 3 章对农户农业技术采用机理进行了分析，本章将考察赣州脐橙产业历史，介绍研究所用数据来源，并对样本区域内脐橙绿色管护技术的推广以及农户技术采用现状进行统计分析，总结样本区域内脐橙绿色管护技术推广和采用过程中主要存在的问题，为后续研究奠定基础。

4.1　赣州脐橙产业发展现状

4.1.1　赣州脐橙产业发展历程

赣州市位于华东地区江西省南部，地处赣江上游，处于东南沿海地区向中部内地延伸的过渡地带，是内地通向东南沿海的重要通道。赣州东接福建省三明市和龙岩市，南至广东省梅州市、河源市、韶关市，西靠湖南省郴州市，北连江西省吉安市和抚州市，介于北纬 24° 29′ ~27° 09′ 、东经 113° 54′ ~116° 38′ 之间，总面积 39379.64 平方千米，占江西省总面积的

23.6%。辖 18 个县（市、区）（1 区 2 市 15 县）和 1 个国家级经济技术开发区，是江西省行政区域范围最大的设区市。赣州市群山环绕，断陷盆地贯穿其中，以山地、丘陵、盆地为主。其中丘陵面积 24053 平方千米，占赣州市土地总面积的 61%；赣州市山地总面积 8620 平方千米，占赣州市土地总面积的 21.89%；赣州市地处中亚热带南缘，属亚热带季风气候区，具有冬夏季风盛行、春夏降水集中、四季分明、气候温和、热量丰富、雨量充沛、酷暑和严寒时间短、无霜期长等气候特征。赣州的地理位置、气候适宜脐橙生产。

自 20 世纪 70 年代以来，赣州市开始发展脐橙种植，经过近 50 年的发展，赣州脐橙产业已经成为以种植为主，带动采购处理、深加工、贮藏、品牌营销等关联产业共同发展的脐橙产业集群，成为赣州市农业产业中最具特色、最具潜力与竞争力的主导产业。赣州脐橙是中国国家地理标志产品，2016 年品牌价值达到 668.1 亿元，连续 4 年位居中国初级农产品类地理标志产品价值榜榜首，2017 年赣州脐橙列入中欧“100+100”互认保护名单。据统计，截至 2018 年，赣州脐橙种植面积达 156.34 万亩，总产量 130 万余吨。

总体来看，赣州脐橙的发展主要经历了 5 个阶段。

第一个阶段，从 20 世纪 60 年代中期至 70 年代末。这段时间内赣州先是在寻乌、信丰两个县创建了园艺场，开始引种试种脐橙，并获得了成功。这也成为赣州发展脐橙的开端。由于在此种植的脐橙表现出优良性状，果品质量可以与美国新奇士脐橙媲美，出口价格甚至超过了新奇士脐橙，可以为国家出口创汇，因此赣州脐橙发展受到了政府部门的重视，短时间内脐橙种植面积得到了较大扩展，1978—1981 年原国家外贸部在赣州建立 3 个外贸脐橙基地。到 1979 年底，赣州市共建立了 19 个国营园艺场，各公社、大队主办的园艺场124个，其中信丰、宁都和大余作为出口基地，脐橙种植面积发展较快。

第二个阶段为20世纪80年代。1980年，中国科学院南方山区综合考察队在赣南进行了为期一年的实地考察，认为赣南地区的土壤、气候、环境都适合种植柑橘，可以把赣南地区作为我国重要的柑橘商品生产基地来进行建设。1982年时任中共中央总书记胡耀邦就柑橘生产给江西时任领导写信，就发展柑橘产业进行了指示。同一时期，华中农业大学章文才领导的科研小组筛选出了适合在赣南地区种植的纽荷尔、朋娜等优质柑橘新品种。这几个事件为赣南发展脐橙产业做了制度上和技术上的准备，同时赣州脐橙发展由原先的落叶果树向温州蜜柑转变，形成了赣南地区脐橙产业的第一次产品结构调整。

第三个阶段为20世纪90年代。这一阶段是赣南地区由点到面，全面推进脐橙产业发展的阶段。1992年赣州开始实施“山上再造”和“兴果富民”战略，柑橘种植全面由温州蜜柑向脐橙转变，掀起赣州脐橙发展的第一轮高潮。经过连年开发，赣州脐橙基地建设粗具规模。

第四个阶段为21世纪前五年。这是赣州脐橙发展壮大的阶段。2002年3月，农业部种植业司召开全国柑橘规划会议，赣州脐橙被列入全国优势农产品区域发展规划。2002年8月赣州市在安远县召开加快脐橙产业建设誓师大会，以此为标志，赣州市全面转换果园经营机制，掀起了脐橙产业第二轮发展高潮。自2002年以后，赣州市脐橙种植面积每年以20万亩的速度扩张。到2005年，全市脐橙种植面积达到了115万亩，脐橙产业规模迅速壮大。同时赣州脐橙发展主体由集体开发转向以个体开发为主，由只注重规模扩张向种植、营销并重转变。

第五个阶段为 2005 年以来的产业质量提升阶段。2005 年赣州市政府提出了“培植超百亿元产业集群”战略，以此为标志，赣州脐橙产业开始了产业发展重心的大调整。脐橙品种由单一鲜食品向注重加工品种调整，由注重果园扩张向注重市场营销转变，由注重数量向注重质量和效益转变，由脐橙种植为主向以脐橙种植带动相关配套产业发展转变。

4.1.2　赣州脐橙种植现状

（1）种植规模

2005—2017 年，赣州市水果及脐橙种植面积和产量变动情况见表 4–1。从中可以看出，自 2005 年以来，赣州市脐橙发展呈现倒 U 形。2005—2014 年，脐橙种植面积基本呈现上升趋势，自 2014 年后，受黄龙病影响，种植面积和产量都出现了一定程度的减少。从脐橙种植面积占水果种植面积的比重来看，脐橙所占比重最高年份达到 67%，2014 年以来，比重下降到 64% 左右。而脐橙产量占水果比重较为稳定，自 2008 年以来，一直稳定在 75% 左右。

表 4–1　赣州市水果和脐橙 2010—2017 发展变化情况

年份	水果种植面积 / 万亩	脐橙种植面积 / 万亩	脐橙种植面积比重	水果产量 / 万吨	脐橙产量 / 万吨	脐橙产量比重
2005	216.45	115.4	0.53	62.2	36.1	0.58
2006	227.85	123.8	0.54	78.9	49.8	0.63
2007	251.1	149.0	0.59	108.5	74.98	0.69
2008	260.55	157.4	0.60	133.0	99.1	0.75
2009	260.7	162.1	0.62	154.6	116.9	0.76
2010	281.7	166.5	0.59	147.6	110.7	0.75
2011	274.35	173.9	0.63	176.1	133.4	0.76
2012	281.7	174.0	0.62	169.0	125.1	0.74
2013	283.95	174.0	0.61	195.3	150.1	0.77
2014	271.35	183	0.67	163.2	122.2	0.75

续表 4–1

年份	水果种植面积/万亩	脐橙种植面积/万亩	脐橙种植面积比重	水果产量/万吨	脐橙产量/万吨	脐橙产量比重
2015	240.15	157.1	0.65	166.7	127.5	0.76
2016	247.8	161.8	0.65	142.8	108.0	0.76
2017	240.15	154.3	0.64	158.1	123.6	0.78

资料来源：江西省统计年鉴、赣州市统计年鉴。

据统计，2017 年赣州市实现脐橙产业集群总产值 118 亿元，其中鲜果收入 62 亿元，帮助 25 万种植户、70 万果农增收致富，脐橙产业带动 100 万农村劳动力就业；种植户户均年收入 2.48 万元，果农人均年收入 8850 元，占果农人均收入的 85%。脐橙产业带动了苗木、生产、养殖、农资、分级、包装、加工、贮藏、运输等全产业链发展。脐橙产业已经成为赣州市重要的支柱产业。

目前，赣州初步建立起了覆盖全国的赣州脐橙市场营销体系。据介绍，赣州脐橙不但走进了国内所有大中城市市场，而且远销俄罗斯、阿联酋、新加坡、马来西亚、哈萨克斯坦、印度尼西亚、斯里兰卡、孟加拉、加拿大、菲律宾、泰国等国家。

（2）区域分布

目前，赣州 19 个县市区均种植脐橙。截至 2017 年，各县市区柑橘产量、面积如表 4–2 所示。在这 19 个县市区中，会昌县与寻乌县处于第一梯队，这两个县种植面积都超过了 20 万亩，产量超过了 15 万吨。信丰县、安远县、宁都县、于都县等 4 个县处于第二梯队，这 4 个县种植面积在 15 万 ~20 万亩之间，种植规模较大。南康区、赣县区、兴国县、瑞金市等 4 个地区处于第三梯队，种植面积在 8 万 ~15 万亩之间。其产业规模与第一、第二梯队有一定差距。其余县市区处于第四梯队，种植面积均不足 8 万亩，包括大余、赣州经济开发区、龙南、崇义、定南、全南、石城、上犹和章贡等县市区。

表 4-2　2017 年赣州各县（市、区）柑橘产量、面积及比重

主产区	种植面积 / 亩			产量 / 吨		
	橙类	脐橙	脐橙比重	橙类	脐橙	脐橙比重
章贡区	2220	1290	0.58	995	827	0.83
南康区	84420	27585	0.33	56802	18166	0.32
赣县区	94890	88830	0.94	40817	37961	0.93
信丰县	191610	187545	0.98	111176	105897	0.95
大余县	62640	31515	0.50	31375	24132	0.77
上犹县	69735	25680	0.37	8163	7015	0.86
崇义县	42495	40065	0.94	40922	39589	0.97
安远县	157725	150450	0.95	188191	180892	0.96
龙南县	57570	51990	0.90	56211	52980	0.94
定南县	42000	25425	0.61	20885	13679	0.65
全南县	39015	24210	0.62	20885	10027	0.48
宁都县	187680	146385	0.78	23009	110007	4.78
于都县	179100	145365	0.81	124007	70237	0.57
兴国县	129645	93930	0.72	76103	61753	0.81
会昌县	247470	174930	0.71	67925	150000	2.21
寻乌县	268365	167610	0.62	174577	238585	1.37
石城县	26175	23895	0.91	323696	11965	0.04
瑞金市	133635	128310	0.96	12498	90002	7.20
赣州经开区	13545	8340	0.62	92404	12033	0.13
全市	2029935	1543350	0.76	1468019	1235747	0.84

数据来源：赣州市统计年鉴。

（3）品种结构与成熟期

根据用途不同，甜橙可以分为鲜食用和加工用两大类。脐橙属于鲜食用橙类。根据成熟期，脐橙又可以分为早熟（11 月中旬之前）、早中熟（11 月中旬）、中熟（11 月下旬至 12 月上旬）、中晚熟（12 月中下旬）和晚熟（12 月之后）等五类。由于每年 12 月中下旬之后赣南地区容易出现霜冻，脐橙无法留树保存，因此这种特定气候决定了赣南地区最适合种植中晚熟脐橙品种，其中代表品种为纽荷尔橙，一般在每年 11 月下旬即可成熟，

与国内外其他产区脐橙相比，纽荷尔脐橙具有优良的品质和风味，口感好。因此赣州在发展脐橙产业之初就以发展鲜食中晚熟脐橙品种为主。目前，脐橙在赣州柑橘生产中处于绝对主导地位。2017 年脐橙种植面积占橙类比重为 76%，产量占比更是高达 84%。

当然，单一发展鲜食用脐橙也会带来脐橙集中上市造成的滞销问题，由于中晚熟脐橙上市时间集中在每年的 11 月下旬到 12 上旬之间，短时间内脐橙大量上市，脐橙种植农户往往会面临销售难的问题，一定程度上影响了农户脐橙种植收益。为了扭转这一局面，自 2007 年以来，赣州市要求对脐橙品种结构进行调整，除巩固鲜食脐橙之外，还大力发展加工脐橙以及鲜食脐橙中的早熟、晚熟和特晚熟品种，注重鲜食加工并重，目前品种结构已经取得了一定优化，但总体还是以中熟鲜食脐橙为主。

（4）生产组织形式

赣州脐橙的种植主体随着时代的发展不断变迁。20 世纪 70 年代主要是以国营或集体园艺场为主体。到了 80 年代，随着家庭联产承包责任制在全国范围内的不断推进，赣州市果园经营体制开始向以家庭经营为主、国有集体为辅的模式转变，形成了农户、国有、集体、股份制并存的多元化经营格局。20 世纪 90 年代中后期，随着我国市场经济体制的不断完善，国有和集体果园开始逐步推进经营体制改革，自 1997 年开始，赣州市对国有、集体、股份制、机关果园进行了经营改革，全面转为个体经营。进入 21 世纪后，随着安远誓师大会的举行，赣州市在果园建设上坚持以农户为主，实行谁开发、谁所有、谁受益的政策，来充分调动各个经营主体的积极性，鼓励农户进行山地流转，全面推行统一规划、统一开放、分户种植、分户经营的模式，大力推进果园的规模化、基地化和标准化。目前，家庭或个人承包经营已经成为赣州脐橙种植的主要组织形式，同时企业经营果园也开始涌现。

4.2　脐橙绿色管护技术

近年来，随着赣州脐橙产业的发展，各种管护技术不断被创新和发现，实践中取得了较好的效果，为推动赣州脐橙产业的健康发展做出了突出贡献。其中具体的农业技术主要有以下几种。

4.2.1　合理密植

传统上脐橙种植密度较大，部分产区每亩种植的脐橙树达到 150 株以上，这种做法虽然可以尽可能地在单位面积上获得更多的产量，但是随着果树的生长，果园会变得郁闭，不方便修剪、抹芽、打药、采果等活动。近年来在有关技术部门的推动下，赣南地区开始采用合理密植，坚持“适度密植、高干低冠、宽行窄株”的矮化、密植栽培模式。这种栽培模式要求各行柑橘行距在 5~6 米之间，这种行距可以允许在果园中使用机械；脐橙各株之间的距离在 1.5~2 米之间，为脐橙树的生长留出了足够的空间，同时控制脐橙树的高度，进行适度矮化。在这种种植模式以下，一般每亩的种植脐橙株数在 55~90 株之间。

4.2.2　套种与生草

传统果园管理一般实行清耕管理，长期清耕会导致土壤性状退化，导致土壤水分不足，小气候环境得不到改善，制约果园的生产力，进而容易导致果品品质变差。而套种与生草，通过选取与脐橙无共生性害虫的浅根、矮杆植物于行间种植，例如比较常见的植物有藿香蓟、禾本科牧草、豆科植物等。在高温或干旱季节，将果园内生产的草或作物用割草机或人工进行割除，然后将这些植物覆盖于树盘上，厚度大约 10 厘米，也可以翻埋于土壤中。套种与生草改变了单一果园的平面布局，形成立体农业，果园合理配置物种群落，改善果园通风透光条件，调节果园气候环境，既可以增进土壤有机质，又能避免水土流失。果园套种与生草早在 20 世纪 80 年代就被国家列为生态果园建设推广项目，但目前我国采用这种模式的果园占比还只有 10% 左右。

4.2.3 水肥融合

水肥融合是指根据农作物需水机理、营养生理和土壤条件进行水、肥供给。实践中水肥融合主要有两种模式，一是水肥滴灌施肥模式，主要在利用滴灌设备进行灌溉施肥时，将肥料溶解到施肥罐，借助施肥器输送到滴灌管网中进行灌溉施肥，将水肥直接滴施在脐橙根系分布部位。采用滴灌方式进行水肥一体化管理，可以使得灌溉水或水肥液成点滴，缓慢均匀定量地浸润到果树根系最发达的区域，使果树根系分布区的土壤始终保持在最佳的水分和养分状态，调节土壤水、肥、气、热的关系。这种模式的特点是操作上比较简单，节省工力，用肥精确，缺点是对肥料质量要求较高，施用的肥料必须是全溶性肥料。二是水肥半机械半人工淋施模式，施肥时将混合好的水肥通过动力吸入软塑胶水管，人工拉管至作物根部进行人工淋施，这种方法的优点是设备简单，操作方便，较为省力省工，对施用肥料种类要求不高，不会造成管道堵塞，特别适用于种植面积较小的脐橙果园。缺点是，采用这一模式要求施肥果园土壤较为疏松，如果土壤较为板结，需要松土后再进行淋施，否则淋施水肥不能及时渗入根部土壤，造成水肥沿地表流失。

4.2.4　简约整形修枝

脐橙树的修剪是通过改变树体的生长结果习性，调节营养生长和生殖生长的平衡关系，通过改善树体的通风透光能力，提高叶片的光合作用效率，加强树体碳水化合物的积累，进而提高树体结果能力和果实品质。传统的精细修剪具有产量高、果实品质和色泽好，果实大小可以得到控制，能够实现连年丰产、优质等目的。但是精细修剪速度太慢，需要投入较多的劳动力，要求修剪人员具有一定的专业知识和生产实践经验，这在目前脐橙产业从业人员劳动力紧缺、管理者年龄结构老化的今天，不容易实现，在种植规模大的果园很难推行开来。

简约整形修枝主要是对传统的修剪方法进行了以下几个方面的改进：一是改夏季修剪为株芽放梢，对春梢进行适当梳理，控制夏梢的生长，对少花强树的春梢去弱留强梳除春梢，对上年结果枝抽生的从生梢去弱留强。二是改精细修剪为大枝开张形修剪，采用大枝开张形修剪可以节约用工，而且通过大枝修剪去除直立性枝序，能改善脐橙的结果性能，增产稳产，并增加树冠通透性，减少病虫害，提高果实品质。简约修剪技术由于以修剪大枝为主，操作简便易行，据统计相对传统修剪模式，1 亩果园采用简约修剪模式可以节约 3~4 个工。实行大枝修剪后，树体骨架得到合理调整，树冠层次分明，高度降低，光照增强，叶绿层厚度增加，光合效能提高，树势得到增强。

4.2.5 病虫害综合防治技术

该技术的目的在于减少传统农业技术对生态环境的损害（Ghadiyali 和 Kayasth，2012）。病虫害综合防治技术（integrated pest management，IPM）最早是由 Stem 等人（1959）提出的。我国对病虫害综合防治技术的关注可以追溯到 20 世纪 70 年代“预防为主，综合防治”植保方针的提出，1986 年又进一步将病虫害综合防治技术阐述为“对有害生物实行科学的管理体系，从农业生态系统的总体出发，依据有害生物与环境间的相互关系，充分发挥自然控制因素的作用，因地制宜、合理科学地采用一定的措施，将病虫害控制在经济承受范围之内，获得最佳经济、生态、社会效益”。目前，学术界对于病虫害综合防治技术的界定为：在特定环境和病虫草害的种群动力学范畴之内，以适合当地土壤、气候和经济条件的方式，利用一切适用的包括物理、生物的技术措施或其组合来管理农作物的综合耕作战略（喻永红、张巨勇，2009）。与传统防治技术相比，病虫害综合防治技术在不降低农户种植利润的前提下，能够减少对人体和农业生态环境的负面影响。因此，病虫害综合防治技术是实现农业可持续发展的重要途径（Dubey 和 Kumar，2006）。

就赣州脐橙病虫害综合防治技术而言，主要是指综合利用一系列物理或生物防治技术来治理病虫害。其中物理防治技术主要包括采用频振式杀虫灯、色光板等物理装置诱杀各类害虫。杀虫灯主要是利用害虫的趋光性诱杀椿象、潜叶蛾、卷叶蛾、吸果夜蛾和金龟子等害虫，一般在每年 4 月统一亮灯，脐橙采摘后统一熄灯，收回后第二年可以重复利用，杀虫灯一般挂在果园的制高点和外围，使用过程中需要及时清理虫袋，防止害虫腐烂。诱虫板是利用害虫的趋色性原理诱杀脐橙蚜虫、脐橙粉虱等害虫，每年 5 月初将诱虫板挂在高出树冠的位置。脐橙采摘后诱虫板要及时回收，以免造成果园污染。

生物防治和生物农药技术主要是利用生物或其代谢物来控制病虫害。主要采用人工释放捕食螨，使用捕食螨来控制柑橘红蜘蛛、锈蜘蛛等有害螨类。根据橘园病虫发生情况，先采用化学防治措施进行清园，然后在 5 月清晨温度较低时将捕食螨袋挂树释放，投放时注意天气条件，避免雨水造成捕食螨死亡。释放捕食螨后果园严禁使用化学除草剂和杀螨剂，如果发生虫害可以选用生物农药进行防治。生物防治具有成本少、见效快、产品安全的优点。另外，生物农药是从一些特殊微生物或其代谢产物中提取具有杀虫功能的活性成分。这些活性成分以玉米、豆饼、麦麸等天然廉价资源为原材料，不会造成对生态系统的破坏。

4.3　江西赣州脐橙生产及农户绿色脐橙管护技术采用现状分析

4.3.1　样本区域

为了对赣州绿色脐橙管护技术采用状况进行分析，本研究对赣州有代表性的市县进行了实地调研。在当地农业主管部门的支持下，课题组通过进行预调查并多次修改问卷，在寻乌、安远、信丰、会昌、瑞金、龙南、赣县、南康、宁都等 9 个市（县）进行了问卷调查。这 9 个市（县）是赣南地区脐橙主要产区，农户脐橙管护技术采用状况基本上可以反映赣南地区脐橙管护技术采用状况。本次调查采用分层抽样方法，具体做法是，首先在每个市（县）下辖乡镇中确定 2~3 个脐橙产业发展较好的重点乡（镇），

然后在重点乡（镇）进一步抽取 2~3 个重点村，接着在每个村随机抽取 5 户脐橙种植农户进行调查。本次调查实行入户调查与问卷发放相结合的方法进行，入户调查时由调查员入户和农户面对面访谈、调查员代为填写问卷的方式进行，同时在部分重点村发放了问卷，面对面访谈获得问卷数量为 196 份，回收的问卷为 72 份，调查共获得 268 份问卷，剔除数据不全及有矛盾的数据 31 份，有效问卷为 237 份。实地调研的地点选择见表 4-3。

表 4-3 实地调研的地点选择

调查市（县）	调查乡镇	实际调查户数	占比
寻乌	长宁、澄江	45	16.79%
安远	欣山、版石	35	13.06%
信丰	安西、嘉定	40	14.93%
会昌	�门岭、西江	30	11.19%
瑞金	沙洲坝、瑞林	30	11.19%
龙南	龙南、里仁	28	10.45%
赣县	江口、五云	20	7.46%
南康	唐江、龙回	20	7.46%
宁都	石上、肖田	20	7.46%

4.3.2 调研内容

本次调研主要围绕以下几个方面展开。

① 被调查用户基本信息。包括农户户主个体特征（性别、年龄、受教育程度、是否为村干部或党员），农户家庭生产特征（种植面积、产量、收入、兼业状况、不同收入来源占总收入比重），家庭所在区域基础设施与环境（距中心城镇距离、是否有公路、通信是否方便）。

② 脐橙生产收益调查。包括近 3 年化肥投入、农药投入、用工投入以及其他生产管理费用，脐橙产量、销售量、销售价格。

③ 脐橙种植农户对脐橙绿色管护技术信息需求及获取渠道，主要包括

农户最需要的技术，农户对新农业技术的接受态度等。

④ 脐橙种植农户绿色管护技术采用状况，包括采用了哪几项子技术，采用绿色脐橙管护技术的果园面积所占比例。

⑤ 政府以及技术主管部门对脐橙绿色管护技术推广和采用的支持，主要包括农业技术推广部门、科研部门、合作社、农资企业组织的对农户脐橙绿色管护技术采用进行的培训、技术指导、资金支持等。

⑥ 不同时期脐橙种植农户对绿色管护技术的采用状况，主要是以 2013 年为界，询问之前 3 年农户对脐橙绿色管护技术的采用状况以及 2013 之后农户对脐橙绿色管护技术的采用状况。

4.3.3　脐橙种植农户绿色脐橙管护技术采用状况

调查中对农户关于脐橙绿色管护技术的认知、需求、实际采用设置了相关问题。对于农户“是否听说或了解该项技术”，如果农户回答“是”则赋值为 1，“否”则赋值为 0；对于农户“您觉得脐橙生产中是否需要该项技术？”，若农户回答“是”则赋值为 1，回答“否”则赋值为 0；对于农户“您在生产中是否采用过该项技术”，若农户生产中实际采用过，则赋值为 1，否则为 0。样本农户对绿色脐橙管护技术认知、需求状况列于表 4–4。

表 4–4　脐橙绿色管护技术的认知与需求状况

绿色脐橙管护技术	是否听说过或了解	是否有需求	是否采用过
合理密植	0.56	0.36	0.232
套种与生草	0.47	0.55	0.443
水肥融合	0.28	0.44	0.076
简约整形修枝	0.67	0.77	0.658
病虫害综合防治技术	0.82	0.93	0.781

从表 4–4 中可以看出以下几点。

① 农户是否听说或了解该项脐橙绿色管护技术方面。平均值最低的是水肥融合技术，只有 28% 的农户听说过或了解这项技术，合理密植、套种与生草、简约整形修枝等 3 项技术得分在 0.47 到 0.67 之间，说明大部分脐橙绿色管护技术已经逐渐在农户中推广开来。尤其是病虫害综合防治技术，有 82% 的农户表示听说过或了解这项技术，这表明政府及其主管部门对脐橙绿色管护技术的宣传和推广还是比较令人满意的。

② 农户对脐橙绿色管护技术是否有需求方面。得分最低的为合理密植，只有 0.36，得分最高的为病虫害综合防治技术，为 0.93。这表明农户对合理密植技术认知不深，对减少每亩果园种植株数的效用没有全面理解，还是追求传统的密植模式。

③ 农户对脐橙绿色管护技术是否采用方面。采用率最高的技术为病虫害防治技术，说明农户对该技术认可度和接受程度较高。采用程度最低的为水肥融合技术，只有 7.6% 的农户采用过该项技术，主要原因可能是该技术对基础设施投入要求较高。

为了更深入地理解农户绿色脐橙管护技术采用的影响因素，本研究还在问卷中针对没有采用脐橙绿色管护技术的农户设置了问题来询问其不采用脐橙绿色管护技术的原因（见表 4–5）。

表 4–5　农户不采用脐橙绿色管护技术的原因

脐橙绿色管护技术	没听说过该项技术	技术要求高	成本太高	没有补助	其他
合理密植	4%	17%	34%	30%	6%
套种与生草	5%	29%	18%	24%	9%
水肥融合	8%	45%	74%	66%	8%
简约整形修枝	7%	32%	19%	21%	7%
病虫害综合防治技术	3%	55%	65%	37%	4%

通过对没有采用脐橙绿色管护技术的农户的问询可知，没有听说过该项技术的影响不大，这表明当地政府及主管部门对脐橙绿色管护技术的宣传力度和培训力度还是不错的，对大部分农户来说，都能获得与农业技术相关的信息，信息渠道不再成为阻碍农户采用农业技术的主要因素。具体而言，针对不同技术，影响因素不太一致。对于水肥融合、病虫害综合防治技术而言，技术要求高、成本高都是重要影响因素。此外，农户普遍对政府及主管部门在农业技术采用方面具有补贴的期望，尤其是像水肥融合这种基础设置投资较高的农业技术来说更是如此。

4.3.4　农户采用及连续采用农业技术影响因素分析

实践中发现，有些农户在采用了某项农业技术，并采用一段时间后，有时会放弃继续使用该项技术。针对这一现象，以病虫害防治技术为例，对有关农户在采用了一段时间该农业技术后放弃采用的状况进行了调查，表 4–6 列出了相关信息。调查数据显示，在采用病虫害综合防治技术的农户中，有 34.59% 的农户在使用了一段时间后不再采用该技术，有 65.41% 的农户截止到调查时仍在采用。

表 4–6　农户采用及连续采用病虫害综合防治技术状况

数据	采用病虫害防治技术		未采用病虫害综合防治技术
	连续采用	未连续采用	
样本数户	121	64	52
占采用技术样本百分比	65.41%	34.59%	–
占样本总量百分比	78.06%		21.94%

表 4–7 给出了农户采用过一段时间病虫害综合防治技术后放弃采用的原因。

表 4–7　农户放弃采用农业技术的原因

病虫害防治技术	使用过程中遇到困难	采用成本高	效益不明显	其他原因
频振式杀虫灯	7%	79%	33%	9%
色光板	10%	53%	31%	13%
捕食螨	45%	62%	35%	27%
生物农药	4%	37%	45%	20%

从农户放弃采用病虫害综合防治技术的原因来看，对于频振式杀虫灯，79% 的农户认为成本太高，33% 的农户认为效益不明显；对于色光板，53% 的农户认为成本高，31% 的农户认为效益不明显；对于捕食螨，45% 的农户认为技术要求高，实施难度大，而且 62% 的农户认为成本高，35% 的农户认为效益不明显；对于生物农药，有 37% 的农户认为采用成本高，有 45% 的农户认为效益不明显。

总体来看，对于病虫害综合防治技术，农户不连续采用的原因各有不同，但也有共性之处。第一，就技术要求方面来看，除捕食螨有超过 40% 的农户认为使用过程中存在难度之外，其他几项技术的采用并不存在很大的技术障碍。第二，就采用成本来看，对于这 4 项技术，除了生物农药之外，农户普遍认为成本较高，例如频振式杀虫灯，一个灯的价格在 2000 元左右，超出了大部分农户的接受范围。第三，效益不明显也是阻碍农户采用病虫害综合防治技术的主要原因，这 4 项技术每一项都有超过 30% 的农户认为效益不明显，主要原因可能是，农户往往只对主观的、可以直接衡量的收益比较重视，而且农户没有办法对这些技术具体的收益进行计算，无法从长期视角来考虑问题。

4.3.5　农户采用脐橙绿色管护技术考虑的主要因素

调查问卷针对农户采用脐橙绿色管护技术时考虑的因素方面，设置了相关问题，每个问题的选项赋值如下：完全同意 5 分；比较同意 4 分；不确定 3 分，不太同意 2 分，完全不同意 1 分。具体得分统计如表 4–8 所示。

表 4–8　农户采用脐橙绿色管护技术考虑因素

观点	得分	标准差
现有管护技术是否有利于脐橙产业长期发展	2.71	1.38
采用技术投资成本高低	4.55	1.09
采用技术能提高产品质量	4.19	0.76
政府应该给予补贴	4.09	0.43
采用新技术可能存在风险	3.76	1.13

综上所述可以得出以下结论。

第一，成本和收益是影响农户采用农业技术时考虑的重要因素。这说明农户仍然服从经济学上的“理性人”的假设。对于脐橙种植农户而言，无论是兼业者还是专业从事脐橙种植，都会对自己的决策进行评估，利润最大化是他们考虑是否采用脐橙绿色管护技术的首要因素。农户对整个脐橙产业的长远发展也有一定思考，但是要排在成本收益因素之后。因此，在脐橙绿色管护技术推广时，一方面要宣传绿色技术对环境保护、脐橙产业长期发展的重要性，提高农户的环保意识，增加其对脐橙绿色管护技术的了解；另一方面也要宣传该技术在成本收益方面带来的改进，尤其是对一些间接收益要给予明确的说明；最后，如果一项技术可能对产量造成影响，可以采用补贴等手段加以激励，让农户意识到采用脐橙绿色管护技术不会导致其他收益降低。

第二，风险和政策因素也会影响农户对脐橙绿色管护技术的采用。对于农户来说，如果一项新的技术具有较高的风险，而且其无法化解和转移风险时，被采用的概率就会大大降低。政府除了采用补贴等政策手段来激励农户以外，还可以通过政策性农业保险等措施来降低农户面临的采用脐橙绿色管护技术带来的不确定性，来提高农户采用该技术的意愿。尤其是脐橙生产一年内收获时间较长，农户本身就承担了一定的自然风险，如霜冻、干旱等自然灾害，如果在自然风险上再加上采用技术带来的风险，农户将不得不付出更高的风险处理成本，如果农户无法分散转移技术风险，必然会影响其对脐橙绿色管护技术的采用选择。

第三，农户对于不同因素的看法存在差异。其中“现有管护技术是否有利于脐橙产业长期发展”标准差较大，说明农户对这个问题的看法存在较大区别。调查中发现，有些农户对目前脐橙产业发展模式存在疑惑，认为种植面积过大，破坏了原有生态环境，基本依靠农药来控制病虫害，长期来看肯定会影响赣州脐橙产业的发展。但也有些农户认为，脐橙产业长期发展趋势不在他们的考虑范围之内，只要短期内回本赚钱就可以了。

4.4 本章小结

本章主要介绍了脐橙绿色管护技术，对赣州脐橙种植农户生产中采用脐橙绿色管护技术的现状进行了分析，主要得到以下结论。

① 脐橙绿色管护技术是包括多项子技术的集成技术，内容广泛，种类众多，涉及脐橙生产的各个环节。总体来看，脐橙绿色管护技术实践推广中取得了很大成绩，多项技术得到了农户的认可，采用率较高，但有些技术（如合理密植、水肥融合等）采用率还不是很高。

② 农户对不同的技术采用考虑的因素存在差异，但总体来看，成本、收益、是否有政府补贴是农户考虑比较多的因素。农户在采用脐橙绿色管护技术一段时间后可能会放弃继续采用该技术，使用中遇到难题、成本高、收益不明显是农户最经常提到的原因。

第 5 章 柑橘绿色管护技术认知行为分析

如前所述，农户决定采用柑橘绿色管护技术以及最终多大程度上采用柑橘绿色管护技术是一个复杂的动态过程：农户首先要对柑橘绿色管护技术有所认知，认识到该技术在保护环境、促进食品安全等方面的优势，具有实际的可操作性，而且在成本上和经济上的可行性，才会有采用的意愿；在具有采用意愿的基础上，农户再决定是否采用柑橘绿色管护技术。由于柑橘绿色管护技术包括多项子技术，农户还要决定是否采用全部技术还是只采用其中某几项技术。因此，对农业技术认知是农户农业技术采用的首要环节。对农户柑橘绿色管护技术认知及影响因素的研究，对引导柑橘绿色管护技术的推广和应用具有重要意义。而在 Rogers（1962）提出农业技术扩散理论以来，农业技术认知就成为学者关注的领域之一，国内外学者围绕农户农业技术采用认知展开了一系列定性与定量研究，研究结果证明农户对农业技术的认知主要受两个层面因素的影响：一是农户自身因素，如农户的个人特征、家庭禀赋特征、对农业技术信息的掌握程度等；二是受到外部因素的影响，如农业技术推广机构提供的培训服务的数量及质量，政府主管部门的政策引导以及支持力度等。

本章内容基于江西省柑橘种植农户的实际调研数据，利用 Logit 模型分析影响农户对柑橘绿色管护技术认知的显著因素，以期了解并掌握农户对农业技术认知的内在逻辑。

5.1 研究假设

本书借鉴国内外学者已有研究并结合实际调研情况认为，农户的自身特征会直接影响其对柑橘绿色管护技术的认知，而绿色农业技术推广机构服务、政府政策引导会间接影响农户对绿色农业技术的接受和认知水平，因此本书从农户个体特征、家庭禀赋特征、信息获取、绿色农业技术推广服务等因素入手，分析其对农户柑橘绿色管护技术认知的影响。

5.1.1 农户个体特征

农户的个体特征包括年龄、性别、受教育程度、是否是村干部或党员、农户风险偏好程度等。

（1）年　龄

一般认为，与年龄大的农户相比，年轻农户思维更加开放，愿意接受新鲜事物，接受新知识的速度也比较快，年龄大的农户随着年龄的增加对新知识的理解能力和接受程度会下降，而且年龄大的农户往往拘泥于传统农业技术，陷入路径依赖，因此一般认为年龄对农户采用农业技术具有负向影响（Tey 和 Brindal，2012）。

（2）性　别

在农村，传统家庭分工中男性农户工作重心更偏向于农业生产，对农业技术更加关注，此外受到传统文化的制约，与女性农户相比男性农户接受教育、与外界环境交往的机会要更多一些，因此男性农户对新技术和新知识的接受与理解一般强于女性农户，因此可以假定男性农户对柑橘绿色管护技术的认知程度要高于女性农户。

（3）受教育程度

与传统农业技术相比，柑橘绿色管护技术包括多项子技术，采用过程比传统农业技术更复杂。接受教育程度高的农户由于具有更高的信息接受、处理和吸收能力，对柑橘绿色管护技术的理解会更深刻，另外接受教育程度高的农户学习吸收柑橘绿色管护技术的能力相对较强，因此可以预期农户接受教育程度对农户柑橘绿色管护技术的认知具有正向影响。

（4）是否是村干部或党员

一般认为，村干部是农村中能力较强、与外界接触较多、信息获取渠道较广的群体。村干部同时也是各项政策、方针及路线在农村的宣传者和推动者，对国家相关政策的走向比较了解，因此可以预期作为村干部的农户对柑橘绿色管护技术认知更深刻。

（5）风险偏好类型

风险偏好是指农户在农业生产过程中对承担风险的种类与大小的态度。按照农户对风险承担的不同态度可以把农户分为风险厌恶、风险中立及风险追求三种类型。由于柑橘绿色管护技术比传统农业技术更为复杂，在实际操作中要求更高，也是一种新近出现的技术，是一种新鲜事物，使用效果具有不确定性。因此可以假定，更愿意承担风险的风险追求型农户对柑橘绿色管护技术的认知更深入。

5.1.2 农户家庭特征

（1）种植面积

对于柑橘绿色管护技术而言，种植面积越大的农户，越有可能从农业生产中获取规模效益，所以种植面积大的农户会更主动了解柑橘绿色管护技术，因此可以假定种植面积会正向影响农户对柑橘绿色管护技术的认知程度。

（2）家庭兼业情况

兼业农户除了从事农业生产以外，还从事非农业工作，调查中发现，相当程度的兼业农户工作重心已经转移到非农业生产中，这些农户对农业生产的重视程度低于非兼业农户，可能缺乏足够的动力主动了解柑橘绿色管护技术，因而对柑橘绿色管护技术认知不足。但也有研究表明，兼业农户出于劳动替代的考虑，愿意采用一些劳动力节约型新农业技术，此外兼业农户信息渠道较广，可能也会促进其对柑橘绿色管护技术的认知，因此家庭兼业情况对农户柑橘绿色管护技术认知的影响方向不确定。

（3）合作社成员

当前，合作社已经成为农村一种重要的社会关系和信息资源平台，通过合作社，农户更容易接触到柑橘绿色管护技术的相关信息，从而增进其对绿色农业技术的认知。因此可以预期参与合作社的农户对柑橘绿色管护技术认知更深刻。

5.1.3　柑橘绿色管护技术信息获取意愿

（1）生态环境评价

农户对生态环境的评价反映了其对生态的关注程度以及环境保护意识。当农户意识到传统生产方式对生态环境造成负面影响时，就会寻求新的柑橘绿色管护技术。因此当农户意识到当下生态环境较差时，就会更加主动地了解柑橘绿色管护技术，提高自己对柑橘绿色管护技术的认知水平，可以认为农户对生态环境的评价越低，其对柑橘绿色管护技术相关信息了解就会更多。

（2）食品安全评价

食品安全是农产品生产的重要目的，如果农户意识到传统生产技术会导致食品存在安全问题甚至危及自己健康时，会更加主动地了解柑橘绿色管护技术进而改变生产方式，因此可以预期农户对食品安全评价越低，其对柑橘绿色管护技术相关信息了解就会更多。

5.1.4　外部环境

（1）是否参加过柑橘绿色管护技术宣传及培训

政府及相关主管部门组织的宣传及培训可以向农户阐述柑橘绿色管护技术的优点、实施要点，是农户接触了解柑橘绿色管护技术的重要渠道，因此可以假设柑橘绿色管护技术宣传及培训会正向影响农户对柑橘绿色管护技术的认知。

（2）农户家庭到中心乡镇的距离

农户居住区域对农户信息获取可能会产生影响，距离中心乡镇近、交通便利的地方，获取最新信息的难度更小，农户对柑橘绿色管护技术信息的获取更容易，因此可以假定农户家庭与乡镇的距离对农户认知柑橘绿色管护技术具有负面影响。

5.2 变量选择、样本特征与柑橘绿色管护技术认知情况

5.2.1 变量选择

根据以上研究假设，本书所选取被解释变量和解释变量设定如下：其中被解释变量为农户对柑橘绿色管护技术的认知程度，该变量定义为二元变量，如果农户对柑橘绿色管护技术有认知，则定义为1，如果没有认知，则定义为0。解释变量包括农户个体特征、农户家庭特征、柑橘绿色管护技术获取意愿、外部环境。其中个体特征包括被调查户主年龄、户主性别、户主受教育程度、是否为村干部、风险偏好等5个指标；家庭特征主要包括种植面积、家庭兼业情况、是否加入合作社等3个指标；柑橘绿色管护技术获取意愿包括农户生态环境评价和食品安全评价2个指标；外部环境包括是否参加过柑橘绿色管护技术宣传及培训农户家庭到中心乡镇的距离2个指标。各变量的定义和解释变量对被解释变量的作用方向列入表5–1。

表 5-1　变量选择及赋值

变量名称			测量及赋值	均值	标准差	预期方向
因变量	柑橘绿色管护技术认知		有认知 =1；无认否 =0	0.69	0.53	
自变量	农户个体特征	户主年龄	户主的实际年龄（岁）	45.34	8.48	-
		户主性别	男性户主 =1；女性户主 =0	0.91	0.25	+
		户主受教育程度	小学及以下 =1；初中 =2；高中 =3；高中以上 =4	2.36	0.80	+
		是否为村干部	村干部 =1；非村干部 =0	0.03	0.35	+
		风险偏好类型	风险厌恶型 =3；风险中立型 =2；风险追求型 =1	2.3	1.02	
	农户家庭特征	种植面积	柑橘实际种村植面积（亩）	25.72	15.83	+
		家庭兼业情况	兼业 =1；非兼业 =0	0.62	0.49	?
		是否加入合作社	参加 =1；未参加 =0	0.51	0.50	+
	柑橘绿色管护技术信息获取意愿	生态环境评价	生态环境很不好 =1；生态环境不太好 =2；生态环境一般 =3，生态环境较好 =4，生态环境很差 =5	1.74	0.45	-
		食品安全评价	非常不安全 =1；不太安全 =2；一般安全 =3；比较安全 =4；非常安全 =5	3.02	0.89	-
	外部环境	是否参加过柑橘绿色管护技术宣传及培训	参加过 =1；未参加过 =0	0.84	0.37	+
		农户家庭到中心乡镇距离	农户家庭到中心乡镇距离（千米）	5.67	1.39	-

5.2.2　样本特征

在 237 份调查问卷中，户主为男性的有 216 户，所占比例为 91.14%，女性户主只有 21 户，所占比例为 8.86%。年龄构成上，样本农户平均年龄为 45.3 岁，其中年龄在 36~55 岁之间的农户所占比例超过 70%，这与近年来柑橘种植收益较好，对年轻劳动力吸引力上升有关。样本农户接受教育情况反映出其受教育程度总体不高，其中初中及小学以下的农户数量为 156 户，所占比例超过 65%；具有大专及以上学历的农户数量只有 26 户，所占比例仅为 10.97%。调查结果显示有 147 户农户仍完全以柑橘种植为生，不从事其他产业，所占比重为 62.01%。

样本农户柑橘平均种植面积为 25.72 亩，其中种植面积在 11 ~ 60 亩的农户所占比例超过 83%。总体来看，样本农户基本符合赣南地区柑橘种植农户的一般特征，具有较强的代表性见表 5-2。

表 5-2 样本基本特征

类型	分组	户数	比例 %
性别	男	216	91.14
	女	21	8.86
户主年龄	35 岁及以下	27	11.39
	36 ~ 45 岁	93	39.24
	46 ~ 55 岁	78	32.91
	56 岁及以上	39	16.46
受教育程度	小学及以下	73	30.80
	初中	83	35.02
	高中或中专	55	23.21
	大专及以上	26	10.97
兼业情况	兼业	90	37.99
	不兼业	147	60.01
种植面积	10 亩及以下	30	12.66
	11 ~ 30 亩	160	67.51
	31 ~ 60 亩	39	16.45
	61 亩以上	8	3.38

5.2.3 农户柑橘绿色管护技术认知情况

表 5-3 给出了具有不同禀赋的农户户主对柑橘绿色管护技术认知的分布情况。可以看出，在样本农户中共有 196 户对柑橘绿色管护技术有所了解，占样本比例为 82.70%，没有认知的农户只有 41 户，所占比例为 17.30%。这表明调查地区大多数农户对柑橘绿色管护技术具有一定了解。具体而言，从性别构成来看，有 83.11% 的男性户主对柑橘绿色管护技术有所了解，这一比例高于女性户主的 76.85%。从年龄结构来看，随着年龄的增加，

农户对柑橘绿色管护技术了解程度呈现下降趋势，35 岁及以下的户主中，有 26 人对柑橘绿色管护技术有所了解，所占比重为 96.30%，在 36~45 岁户主中，这一比例下降到 89.24%，46~55 岁的户主中这一比例为 87.18%，而 56 岁及以上的农户中这一比例只有 35.90%。从文化程度方面来看，随着接受教育程度的提高，农户对柑橘绿色管护技术了解的比重呈现上升趋势，小学文化对柑橘绿色管护技术了解的农户所占比重为 65.75%，而具有高中或中专学历的农户这一比例为 96.36%，具有大专及以上学历的农户更是 100% 了解柑橘绿色管护技术。兼业的农户中有 72 户了解柑橘绿色管护技术，所占比例为 80.00%，而非兼业农户中了解柑橘绿色管护技术的农户数量为 124 户，所占比重为 84.35%。从种植面积来看，除去种植面积 10 亩以下的农户，其余农户对柑橘绿色管护技术了解的都很高，最低的也达到了 87.50%。

表 5-3　不同禀赋的农户户主对柑橘绿色管护技术的认识分布

类型	分组	有认知		没有认知	
		人数	比例 %	人数	比例 %
性别	男	180	83.11	36	16.89
	女	16	76.85	5	23.15
户主年龄	35 岁及以下	26	96.30	1	3.70
	36 ~ 45 岁	83	89.24	5	10.75
	46 ~ 55 岁	68	87.18	10	12.82
	56 岁及以上	14	35.90	25	64.10
受教育程度	小学及以下	48	65.75	25	34.25
	初中	69	83.13	14	16.87
	高中或中专	53	96.36	2	3.64
	大专及以上	26	100	0	0
兼业情况	兼业	72	80.00	18	20.00
	不兼业	124	84.35	23	15.64
种植面积	10 亩及以下	12	26.67	18	73.33
	11 ~ 30 亩	140	87.50	20	12.50
	31 ~ 60 亩	36	92.31	3	7.69
	61 亩及以上	8	100	0	0.00
总计		196	82.70	41	17.30

5.3 农户柑橘绿色管护技术采用影响因素分析

5.3.1 模型设定

如前所述，农户对柑橘绿色管护技术的认知受到农户个体特征、家庭特征、信息获取需求、外部环境等多种因素影响，因此可以设定多元回归模型分析农户对柑橘绿色管护技术认知的影响：

$$Y=\alpha+\sum_{i=1}^{n}\beta_i x_i+\varepsilon_1 \tag{5-1}$$

式中，α 为截距项；β_i 为回归方程的系数；x_i 为解释变量；ε_1 为误差项。由于农户对柑橘绿色管护技术的认知是二元离散变量，取值为 1 时表明农户对柑橘绿色管护技术有认知，取值为 0 时表明对柑橘绿色管护技术没有认知，因此其累计概率可以表示为：

$$P(Y=1|X)=F(\alpha+\sum_{i=1}^{n}\beta_i x_i) \tag{5-2}$$

$$P(Y=0|X)=1-F(\alpha+\sum_{i=1}^{n}\beta_i x_i) \tag{5-3}$$

似然函数为：

$$L(\alpha,\ \beta)=\prod_{y_i=1}p_i\prod_{y_i=0}(1-p_i)=\prod_{i=1}^{n}\{p_i^{y_i}(1-p_i)^{1-y_i}\} \tag{5-4}$$

$$=\prod_{i=1}^{n}\{F(\alpha+\sum_{i=1}^{n}p_i x_i)^{y_i}(1-F(\alpha+\sum_{i=1}^{n}\beta_i x_i))^{1-y_i}\}$$

农户对柑橘绿色管护技术认知的概率 $P(Y=1|X)$ 是解释变量的线性函数，在其他因素不变的情况下，β_i 度量了解释变量的变化导致的农户对柑橘绿色管护技术认知的概率的变化。由于概率的取值在 0 到 1 之间，因此可以通过选择合适的函数形式 $F(x,\ \beta)$ 来保证 Y 的取值大于 0 小于 1。通常可以假定 $F(x,\ \beta)$ 为服从逻辑分布的累计分布函数，因此 $P(Y=1|X)$

可以表达为：

$$P(Y=1|X)=F(\alpha+\sum_{i=1}^{n}\beta_i x_i)=\frac{\exp(\alpha+\sum_{i=1}^{n}\beta_i x_i)}{1+\exp(\alpha+\sum_{i=1}^{n}\beta_i x_i)} \quad (5-5)$$

式（5–5）可以进一步变形为：

$$Logit(P)=\ln\frac{P}{1-P}=\alpha+\sum_{i=1}^{n}\beta_i x_i \quad (5-6)$$

5.3.2　影响因素多重共线性检验

模型自变量可能存在多重共线性问题，在这种情况下，一个自变量可以表示为其他自变量的线性函数，如果存在共线性，模型估计的准确性和稳定性会受到影响，模型偏回归系数检验失去统计学意义。考虑到农户个体特征、家庭特征、信息获取意愿、外部环境等变量之间可能存在多重共线性，因此有必要对各自变量进行多重共线性检验。多重共线性检验常用的方法有相关系数、容忍度、方差膨胀因子等，本书选取容忍度和方差膨胀因子（VIF）进行检验。一般认为，容忍度越大越好，VIF 越小越好，当容忍度小于 0.1 而 VIF 大于 10 时可以判断各变量之间存在严重共线性问题。下面以性别作为因变量，其余变量作为自变量进行检验，综合全部检验结果来看，各自变量之间的共线性程度在合理范围之内（见表 5–4）。

表 5-4 多重共线性检验

因变量	自变量	共线性检验统计量	
		容忍度	VIF
性别	户主年龄	0.66	1.23
	是否村干部	0.78	1.19
	户主受教育程度	0.74	1.16
	是否为村干部	0.86	1.07
	风险偏好类型	0.76	1.15
	种植面积	0.85	1.06
	是否兼业	0.89	1.29
	是否参加合作社	0.97	1.36
	生态环境评价	0.78	1.08
	食品安全评价	0.93	1.19
	是否参加过柑橘绿色管护技术宣传及培训	0.85	1.42
	农户家庭到中心乡镇的距离	0.83	1.17

5.3.3 模型估计结果分析

表 5-5 Logit 模型估计结果

	变量名称	系数	标准差	边际效应
农户个体特征	户主年龄	−0.0314**	0.3416	−0.0628
	户主性别	0.0042	0.0717	0.0017
	户主受教育程度	0.2386*	0.0694	0.1204
	是否为村干部	0.5124***	2.3563	0.0539
	风险偏好类型	−0.0174	0.2306	−0.2051
农户家庭特征	种植面积	0.3651*	0.2572	0.0026
	是否兼业	−0.0145	0.0622	−0.0441
	是否参加合作社	0.3652*	0.5819	0.0753
柑橘绿色管护技术获取意愿	生态环境评价	0.0029	0.1740	0.2384
	食品安全评价	−0.4781*	0.3725	−0.0219
外部环境	是否参加过柑橘绿色管护技术宣传及培训	0.3647**	0.9841	0.1325
	农户家庭到中心乡镇距离	0.0012	0.0256	0.0017
	常数项	−5.3217	2.1384	

注：***，**，* 分别表示 1%，5%，10% 的显著性水平。

运用Stata15.0软件进行回归，Logit模型估计结果见表5–5。回归结果显示，户主年龄、受教育程度、是否为村干部、种植面积、是否参加合作社、食品安全评价、是否参加过柑橘绿色管护技术宣传及培训等 7 个变量通过了显著性检验，表明这些变量对农户柑橘绿色管护技术认知有着显著影响，而户主性别、风险偏好类型、是否兼业、生态环境评价、农户家庭到中心乡镇的距离等 5 个变量对农户柑橘绿色管护技术认知的影响假设没有得到证实。

（1）农户个体特征对柑橘绿色管护技术认知的影响

户主年龄在模型中的系数为负，与预期相符且在 5% 的统计水平上通过显著性检验，这表明在其他条件不变的情况下，年龄大的农户对柑橘绿色管护技术认知水平较低。统计数据显示，年龄超过 56 岁的农户，只有 35.90% 了解柑橘绿色管护技术，这一比例显著低于其他年龄段农户的认知水平。这一结果验证了年龄负向影响农户柑橘绿色管护技术认知的假设。该变量边际效应为 –0.0628，户主年龄每增加一个档次，农户对柑橘绿色管护技术认知概率会下降 6.28%。

户主受教育程度在模型中系数为正，与预期相符，且在 10% 的统计水平上通过了显著性检验，这表明在其他条件不变的情况下，受教育程度对农户柑橘绿色管护技术认知有正向影响，接受教育程度越高的农户对柑橘绿色管护技术认知的概率越大。统计数据也显示，受过小学教育的农户对柑橘绿色管护技术了解的比例为 65.75%，明显低于其他受教育程度的农户，这一结果验证了受教育程度正向影响农户柑橘绿色管护技术认知的假设。受教育程度的边际效应也表明，农户接受教育每提高一个层次，其对柑橘绿色管护技术的认知概率会增加 12.04%。可能的解释是，文化程度越高的农户对柑橘绿色管护技术的价值、操作方面具有的优势更容易吸收和接受，因此其认知概率就越高。

户主是否为村干部在模型中系数为正，且在 1% 的统计水平上通过了显著性检验，这表明在其他条件不变的情况下，担任村干部的户主对柑橘绿色管护技术认知的概率高于其他户主，研究结果与预期假设一致。边际效应表明，与没有担任村干部的户主相比，担任村干部的户主对柑橘绿色管护技术认知的概率要高出 5.39 个百分点。这表明村干部在新技术信息获取方面具有一定优势，对新事物认知程度更高。统计数据显示，担任村干部的户主对柑橘绿色管护技术认知的比例高达 91.27%，而其他户主对柑橘绿色管护技术认知的比例只有 67.83%。

（2）家庭特征对农户柑橘绿色管护技术认知的影响

种植面积在模型中系数为正，且在 10% 的统计水平上通过了显著性检验，表明在其他条件不变的情况下，种植面积对农户柑橘绿色管护技术认知有正向影响，种植面积越大的农户柑橘绿色管护技术认知的概率越高，研究结果与预期一致。边际效应表明，农户种植面积每增加 1 亩，其对柑橘绿色管护技术认知的概率会增加 0.26%。统计数据显示，种植面积在 10 亩以下的农户对柑橘绿色管护技术认知的比例只有 26.67%，而种植面积超过 60 亩的农户认知概率为 100%。可能的解释是，种植面积越大，可以以更低的单位成本采用柑橘绿色管护技术，进而获得规模经济。

是否参加合作社在模型中系数为正，且在 10% 的统计水平上通过了显著性检验，表明在其他条件不变的情况下，相对于没有参加合作社农户，加入合作社的农户对柑橘绿色管护技术的认知概率更高，研究结果与预期一致。边际效应表明，参加合作社的农户对柑橘绿色管护技术认知概率要比非合作社成员的农户高 7.53 个百分点。原因可能是，合作社是一个提供信息的重要平台，通过合作社农户可以获得更广阔的信息网络，进而获得更多的信息资源，这会提高农户对柑橘绿色管护技术的认知。统计数据显示，进入合作社的成员中，了解柑橘绿色管护技术的农户比例为 76.51%，高于未加入合作社农户的比例 59.32%。

（3）柑橘绿色管护技术信息获取意愿对农户柑橘绿色管护技术认知的影响

食品安全评价在模型中系数为负，且在 10% 的统计水平上通过了显著性检验，表明在其他条件不变的情况下，农户关于食品安全的评价对农户柑橘绿色管护技术认知有负向影响，表明农户对食品安全评价越高，对于柑橘绿色管护技术的认知程度越低。其边际效应进一步表明，农户对食品安全评价每提升一个档次，农户对柑橘绿色管护技术认知的概率会下降 2.19 个百分点。说明当农户认知到食品安全问题时，会更愿意了解有助于提高食品质量的技术。统计数据显示，认为食品非常不安全和不安全的农户中，对柑橘绿色管护技术认知的比例高于认为食品比较安全和非常安全的农户说明了农户对柑橘绿色管护技术认知与其对食品安全评价是密切相关的。

（4）外部环境对农户柑橘绿色管护技术认知的影响

是否参加过柑橘绿色管护技术宣传与培训在模型中系数为正，且在 5% 的统计水平上通过了显著性检验，表明在其他条件不变的情况下，相对于没有参加过柑橘绿色管护技术宣传与培训的农户，参加宣传与培训的农户对柑橘绿色管护技术认知概率更高，研究结果与预期一致。边际效应表明，参加过宣传与培训的农户对柑橘绿色管护技术的认知概率要比未参加过宣传与培训的农户高 13.25 个百分点。

没有通过检验的变量有户主性别、风险偏好类型、是否兼业、生态环境评价、农户家庭到中心乡镇的距离等 5 个变量。就户主性别来看，可能的解释是样本农户中女性农户占比较少（8.86%），由于变量变异度较小，造成其解释力不强。农户是否兼业也存在同样情况，统计数据显示，兼业和没有兼业的农户对柑橘绿色管护技术的认知非常接近。风险偏好没有通过显著性检验，可能的解释是，目前风险偏好并不是影响农户对柑橘绿色管护技术认知的重要因素。农户家庭到中心乡镇的距离对农户柑橘绿色管护技术影响不显著，可能的解释是，随着信息网络技术的发展和信息渠道来源的多样性，地理上的距离已经不再是阻碍信息获得的主要障碍。农户生态环境评价也没有通过显著性检验，可能的原因是，在现阶段，农户关注的还是产量和产值，而且认为现行农业生产技术不会对环境造成重大污染，对环境普遍持乐观态度。

5.4 本章小结

本章利用江西省 237 户农户的调查数据，利用 Logit 模型分析了影响农户柑橘绿色管护技术认知的影响因素，研究结果表明。

① 整体来看，82.70% 的农户对柑橘绿色管护技术有一定的认知，但不同禀赋的农户在柑橘绿色管护技术认知上存在着明显的差异。受教育程度高、年轻、种植面积大的农户对柑橘绿色管护技术的认知显著高于其他农户。

② 农户受教育程度、是否担任村干部、种植面积、是否加入合作社、

是否参加过柑橘绿色管护技术宣传与培训等变量对农户柑橘绿色管护技术认知有显著的正向影响。农户户主年龄、农户对食品安全评价两个变量对农户柑橘绿色管护技术认知有显著负向影响。

第6章　农户农业技术采用程度及其影响因素分析

在完成技术认知阶段后，农户会将农业技术认知转变为潜在技术需求，即农户将进入选择采用柑橘绿色管护技术或拒绝柑橘绿色管护技术的决策及实施阶段。由于本书所研究柑橘绿色管护技术包含多项子技术，农户在技术采用决策及实施阶段中，往往会根据自己所拥有的资源禀赋有选择性地采用柑橘绿色管护技术。本章利用计算模型来分析农户对柑橘绿色管护技术的采用程度，并分析农户柑橘绿色管护技术的影响因素，准确把握农户采用柑橘绿色管护技术的规律，从而为出台相关政策和制度创新提供实证依据。

近年来，随着全球气候的变化，加之农作物自身特征，加剧了农业生产对气候变化的敏感性（谢立勇等，2014）。虽然气候变化对农作物生长也有有利的一面，但总体来说，弊大于利，这主要表现为气候变化导致的作物病虫害在更大范围内的蔓延，发生频率和危害程度也更加严重（霍治国等，2012）。病虫害发生加剧也必然导致农户在生产中选择施用更多的农药，造成更为严重的农药残留问题。在此背景下，推广柑橘绿色管护技术就显得尤为必要。研究柑橘绿色管护技术采用及其影响因素具有重要意义。

已有众多学者就农业技术采用决策或行为等问题进行了研究，这些研究内容广泛、方法成熟，从理论探讨和实证分析两个方面都取得了丰富的成果。其中，从农户角度入手对农业技术采用及其影响因素的研究主要可以归为两类。

第一类是对农户就某项具体农业技术采用决策及其影响因素的分析。农户对这类农业技术进行采用决策时，面临的是一个二元选择问题，即农户要决定是否采用这种技术。此类问题通常可以用 Logit 或 Probit 模型进行分析。这类研究最多，成果最丰富。苏岳静等（2004）分析了农民抗虫棉技术采用意愿及其影响因素，发现户主受教育水平、风险偏好是影响农户决策的主要因素。刘万利等（2007）对农户采用安全兽药行为的研究表明养猪户对兽药效果认知程度较低，而养猪户的个体特征、产业化组织、养猪户的认知特征等因素对农户有很大影响。刘红梅等（2008）探讨了农户学习节水灌溉技术的重要因素，发现水权交易制度、剩余水权处分权利、合作组织、培训等可以提高农户学习节水技术的积极性。黄武（2010）分析了农户采用有偿技术服务的影响因素，结果表明，农业收入占家庭收入比例、是否有技术难题、户主年龄及受教育程度等是影响农户有偿技术需求的主要因素。满明俊等（2012）分析了农户采用不同属性行为的差异，发现不同技术的收益水平、技术风险及对资源的依赖差异是影响农户技术采用差异的主要原因。喻永红、韩洪云（2012）分析了农户采用 IPM 技术的影响因素，发现农户对健康危害的认知是重要影响因素。储成兵和李平（2014）以安徽水稻种植农户为例，采用Double-Hurdle模型分析了农户采纳病虫害整合防治技术的决策及其采纳密度。李丰（2015）分析了南方地区农户节水灌溉技术采用行为及影响因素，结果发现灌溉模式、风险认知、耕地特征、农户特征是主要影响因素。吴比等（2016）分析了农户组织化对农业技术采用的影响，研究发现，专业合作社、龙头企业对农业技术扩散有正向推动作用。朱萌等（2016）以江苏水稻种植农户为研究对象，发现性别、年龄、受教育程度、水稻种植规模以及政府补贴满意度是影响农户采纳病虫害防治技术的关键因素。应瑞瑶和徐斌（2014）应用空间Probit模型证明了农户采用病虫害防治技术对周围农户具有示范效应。

第二类是对农户就具有技术包性质的农业技术采用决策及其影响因素的研究。现实中许多农业技术是以技术包形式出现的，这类技术一般由两项以上的多项子技术组成，农户在收益最大化和资源约束条件下选择采用不同数量的子技术。此时，如果把农户采用子技术的数量作为连续变量或分类变量进行处理，回归结果不能保证效率。目前这方面的研究比较少，褚彩虹等（2012）利用联立双变量Probit模型分析了农户环境友好型农业技术采用行为，发现有机肥和测土配方施肥技术存在互补性，信息可得性相关因素是影响农户选择环境友好型农业技术行为的重要因素。王静、霍学喜（2012）对苹果种植农户果树疏密改形技术和土壤有机质提升技术进行分析，发现家庭特征、技术环境是影响农户管理技术联立选择行为的重要因素。

上述研究取得了丰硕成果，为本章研究奠定了基础，但上述研究仍有进一步拓展的空间。一是相关研究上对于包含超过两项子技术的具有技术包性质的农业技术采用研究较少，多采用Probit模型、Logit模型进行分析。

二是在研究视角上，现有研究主要从农户个体特征、家庭特征、技术因素与制度环境因素对农户农业技术采用行为进行分析，忽视了社会网络或社会资本在农户农业技术决策中的重要作用。有鉴于此，本章内容以柑橘绿色管护技术为研究对象，引入社会网络变量，研究农户对柑橘绿色管护技术的采用及其影响因素。

6.1　研究假设及理论模型

6.1.1　研究假设

农户农业技术采用决策行为受众多因素影响，由于不同性质、用途的农业技术存在着较大差异，要想找到公认一致的解释变量是非常困难的（Knowler 和 Bradshaw，2007）。Jack （2011）在其研究中对众多文献进行了梳理，认为影响农业技术采用的因素可以从 8 个方面考察：信息与教育；农户户主及家庭生产特征；环境因素；劳动力；土地；信贷；基础设施及市场；风险及不确定性。参考以上文献，结合农户行为理论及柑橘绿色管护技术自身特点，本书将影响农户柑橘绿色管护技术的因素分为 4 类：农户户主特征、农户生产特征、农户社会关系网络特征、农户信息认知特征。

（1）农户户主特征

户主是家庭农业生产活动的主要决策者，根据计划行为理论（I. Ajzen，1991），人的决策行为是有计划的结果，作为农业技术采用决策者的户主，其个人特征通过影响自身行为态度、主管规范、直觉行为控制从而对行为意向产生间接影响，最终影响其决策行为。农户户主个人特征包括户主年龄、性别、受教育程度、农户风险类型、环保意识等几个变量。

一般认为户主年龄对农户采用新技术有显著影响，原因是年轻人思维更为开放，容易接受新事物和新技术，随着年龄的增加，农户往往按照原有的思维来思考问题和看待事物，而且习惯使用原有技术，同时年龄大的农户更不愿意冒风险，因此对柑橘绿色管护技术的采用比较保守。与男性农户相比，女性农户观念相对保守，对待风险的态度不如男性农户主动，因此可以假定其采用柑橘绿色管护技术的意愿较低。受教育程度对农户采用技术的影响一般体现在教育可以开阔农户的视野以及提升获取信息的能力，同时能增强其对新技术的理解和运用能力，因此，可以假定接受教育程度高的农户采用新技术的意愿会更强。由于新技术一般存在不确定性，因此不同风险类型的农户对新技术的接受程度不一样，一般认为愿意承担风险的农户采用新技术的意愿更高，而风险中性及风险厌恶型农户对新技术的采用意愿较低，或者一般是新技术采用的追随者。

（2）农户生产特征

农户生产特征包括农户资源禀赋特征和农户家庭经济结构特征。其中农户资源禀赋特征包括柑橘种植面积和家庭拥有的劳动力数量两个变量；农户家庭经济特征包括农户柑橘收入占总收入比重和农户是否从事非农产业两个变量。

农户采用农业技术以预期收益最大化为目的，同时也受自身资源禀赋的约束，有些农业技术具有典型的规模效应，柑橘种植面积更容易获得规模效应，此外种植面积大的农户更关注农业生产的可持续发展，愿意采用一些具有长期效用的生产技术，可以假定柑橘种植面积大的农户采用柑橘绿色管护技术的意愿要比种植面积小的农户更强。柑橘绿色管护技术包括多项子技术，其中一些采用过程中对劳动力具有较多的需求，要求投入更多的劳动力才能完成，因此如果农户缺乏足够的劳动力也会在一定程度上影响农户对该技术的采用，可以假定农户家庭拥有的劳动力数量对农户采用柑橘绿色管护技术有正向影响。农户家庭经济结构主要指农户家庭收入结构组成及农户是否存在兼业行为。如果柑橘收入占家庭收入比重较高，表明柑橘产业是农户的主要收入来源，农户更重视柑橘产业的发展，愿意在农业生产中投入更多的资源，其采用农业技术的意愿会更高。当前，相对于其他产业而言，农业产业比较收益普遍偏低，如果农户除了种植柑橘之外还存在兼业现象，农户会减少投入柑橘种植的资源，其采用柑橘绿色管护技术的意愿会更低。

（3）农户社会关系网络特征

社会关系网络实质上是一种社会资本，反映了农户拥有的社会关系网络以及通过社会网络获取社会资源的能力。干部或党员身份是衡量个人社会关系网络的重要指标（Zhang 和 Li，2003）。具有干部或党员身份的户主，通常具有较丰富的社会阅历和知识储备，接受新事物能力较强，此外，农业技术推广机构在推广新技术时往往先把村干部或党员作为示范户，因此具有干部或党员身份的农户更愿意采用柑橘绿色管护技术。新农业技术采用存在一定的不确定性，在技术采用早期，往往是少部分农户愿意承担风险进行采用，这些农户取得成果后，通过口头传播、示范，会带动亲朋好友、左邻右舍学习并接受农业技术，而合作社可以给其成员提供一个信息的交流、传播渠道（蔡荣、韩洪云，2012），对农业技术的扩散和提高农业技术采用率具有重要作用。同时要采用柑橘绿色管护技术需要一定的资金支持，在农户自有资金无法满足的条件下，农户需要通过其他渠道获得资金来支持，否则即使该农户有意采用柑橘绿色管护技术，也会因为资金的短缺无法真正实施。农户是否有信贷渠道（包括正规金融渠道和非金融渠道）可以反映农户的社会关系状况，拥有信贷渠道的农户可以较容易地克服资金约束采用更多的农业技术。

（4）农户信息认知特征

柑橘绿色管护技术能减少化肥、化学农药的施用，能调节土壤温湿环境，增加土壤有机质和土壤有效成分，有效改善果园生态环境。环保意识强的农户，对农业生态环境越关心，对于柑橘绿色管护技术对生态环境的保护作用了解得越透彻，因此可以假定环保意识越强的农户采用柑橘绿色管护技术的意愿越强。如果农户参加过柑橘绿色管护技术培训，了解柑橘绿色管护技术的特点，掌握该技术在生产中的实施要点和诀窍，会更有信心采用该技术。

6.1.2 理论模型

柑橘绿色管护技术包括 5 项子技术，农户在生产中采用的子技术数量为被解释变量。农户在实际生产中采用子技术数量最多为 5 项，最少为 0。由于被解释变量为计数变量，既不是连续变量又不是有序变量，因此本书选择计数模型来进行分析。具体有泊松回归模型、负二项分布回归模型。

（1）泊松回归模型

设 Y_i 为农户采用子技术的数量，假定 Y_i 独立分布且服从泊松分布。则：

$$Pr\left[Y_i=y\right]=f\left(Y_i\right)=\frac{e^{-\lambda}\lambda^{Y_i}}{Y!},\ y=0,1,2,3,4,5 \qquad (6\text{-}1)$$

式中，λ_i 为泊松分布条件均值，$\lambda_i=E\left(Y_i|X_i\right)=\exp\left(\beta'X_i\right)$，$\beta$ 为待

估参数向量，X_i 为影响农户采用技术数量的外生变量（向量）。

泊松回归模型的设定决定了其均值大于 0，且泊松分布假定均值等于其方差，即 $Var(Y)=\lambda$，如果农户采用子技术包括极端值，其方差远大于均值时会出现过度分散现象。此时利用泊松回归模型得出的回归结果会出现标准误差被低估，导致统计检验不准确，则需要采用负二项分布回归模型。

（2）负二项分布回归模型

负二项分布回归模型利用负二项分布拟合技术数据，可以解决农户子技术选择过度离散的问题。因为过度离散主要来自不可观测的异质性，可以通过引入相乘随机项来控制不可观测异质性。用 λ_v 代替泊松分布中的参数 λ，此时 $y \sim Poisson(y \mid \lambda_v)$，设 $E(v)=1$，$Var(v)=\sigma^2$，则 $E(y)=\mu$，$Var(y)=\mu(1+\mu^2)>\mu=E(y)$。该设定通过引入相乘随机项可以克服过度分散问题。假定 $v \sim Gamma(1, \alpha)$，此时农户采用子技术服从负二项分布，其概率密度函数为：

$$Pr[Y=|\lambda, \alpha] = \frac{\Gamma(\alpha^{-1}+y)}{\Gamma(\alpha^{-1})\Gamma(y+1)}\left(\frac{\alpha^{-1}}{\alpha^{-1}+\lambda}\right)\alpha^{-1}\left(\frac{\lambda}{\lambda+\alpha^{-1}}\right)^{y} \quad (6\text{–}2)$$

此外，如果没有选择柑橘绿色管护技术的农户过多，需要对农户采用柑橘绿色管护技术进行考察，判断是否存在零通胀现象，如果存在零通胀现象，则需要采用零通胀泊松模型或零通胀负二项模型进行处理。

6.2　数据来源与农业技术采用状况

6.2.1　样本的描述性统计

统计结果显示，样本农户户主以男性为主，其中男性户主所占比例为

91.14%；平均年龄为45.3岁，其中年龄在36 ~ 55岁之间的农户户主所占比例超过70%；受教育程度总体不高，初中及小学以下的农户户主所占比例超过65%，高中及大专以上学历所占比例分别为23.21%、10.97%。样本农户柑橘种植经验相对丰富，种植柑橘的平均年限为13.62年；柑橘收入占家庭收入比重均值为74.89%，其中柑橘收入占家庭收入比重超过60%的农户所占比例超过68%；柑橘平均种植面积为25.72亩，其中种植面积在11 ~ 60亩的农户所占比例超过83%。总体来看，样本农户基本符合赣南地区柑橘种植农户的一般特征，具有较强的代表性。

6.2.2 柑橘绿色管护技术采用状况

表6–1给出的调查数据显示，农户选择病虫害综合防治技术的比例最高，为78.06%；其次为简约整形修枝，为65.82%；套种与生草的比例为44.30%，合理密植的比例为23.21%；而比例最低的为水肥融合，只有7.59%。原因可能与各项技术采用的成本及难易程度相关。病虫害综合防治技术包括多项子技术，可供选择项目多，农户可以有针对性地选择。简约整形修枝能有效减少劳动力的投入，在劳动成本飙升的背景下对农户吸引力较大。而合理密植和水肥融合采用率相对较低。合理密植要求每亩果园种植株数在33~44株之间，一是为柑橘树成长预留空间，二是便于机械化措施的推广和采用。但目前农户种植株数仍然多数在100株以上，主要考虑一是果树结果后可以迅速回本，二是其中一些柑橘树会遭受病虫害危害，到时通过砍伐后仍然可以保证果园产量。水肥融合采用率低主要原因还是成本较高。

表 6–1　各子技术被选择比例

子技术	采用农户数量	占样本农户比例
合理密植	55	23.21%
套种与生草	105	44.30%
水肥融合	18	7.59%
简约整形修枝	156	65.82%
病虫害综合防治	185	78.06%

图 6–1 给出了农户选择子技术数量的分布状况。有 42.19% 的农户选择了 3 种子技术，有 18.99% 的农户选择了 2 种子技术。有 17.72% 的农户没有选择任何子技术，即没有采用柑橘绿色管护技术。选择全部子技术的农户比例只有 4.22%。

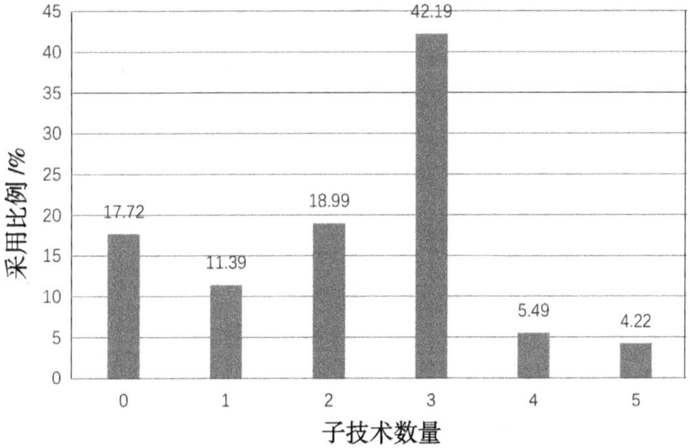

图 6–1　农户选择子技术数量分布

6.3　变量选择、模型估计与结果分析

6.3.1　变量选择

本书研究因变量为农户采用柑橘绿色管护技术子技术的数量。解释变量依据前面的研究假设从农户户主特征、农户生产特征、农户社会关系网络特征、农户信息认知特征 4 个方面选择。具体变量设置如表 6–2 所示。

表 6-2　变量设置及描述性统计

		变量名称	测量及赋值	均值	标准差	预期方向
因变量		农户采用绿色柑橘管护技术子技术数量	农户采用子技术的数量（0,1,2,3,4,5）	2.18	1.35	
自变量	农户户主特征	户主性别	男性 =1，女性 =0	0.90	0.30	+
		户主年龄	户主的实际年龄（岁）	45.34	8.48	-
		户主受教育程度	小学及以下 =1；初中 =2；高中 =3；高中以上 =4	2.12	1.00	+
		种植年数	柑橘实际种植年数限（年）	13.63	6.04	?
	农户生产特征	柑橘种植面积	柑橘实际种植面积（亩）	25.83	14.96	+
		家庭人口数量	家庭实际人口数量（人）	5.02	1.43	+
		柑橘收入占家庭收入比重	柑橘收入占家庭收入比重（%）	74.79	22.90	+
		是否兼业	兼业 =1；非兼业 =0	0.48	0.50	-
	农户社会关系网络特征	农户户主是否为党员	是 =1；否 =0	0.07	0.26	+
		是否参加农业专业合作组织	是 =1；否 =0	0.62	0.49	+
		农户是否有信贷渠道	有 =1；无 =0	0.66	0.47	+
	农户信息认知特征	农户对环境生态关注程度	不太关注 =1，一般 =2；比较关注 =3	1.9409	0.83	+
		是否参加过绿色柑橘管护技术培训	参加过 =1；未参加过 =0	0.79	0.40	+

6.3.2　模型估计

基于调查数据，本书运用 Stata12.0 统计软件对农户采用柑橘绿色管护技术的影响因素进行了泊松模型回归、负二项模型回归和零膨胀模型回归。回归结果见表 6–3。回归结果表明，数据不存在过度离散分布情况，对回归模型的零膨胀检验显示，回归结果不存在零膨胀现象，所以最终结果采用泊松回归模型进行分析。表 6–3 中第 2 列为泊松回归结果、边际效应（发生率之比）。

表 6-3　农户采用绿色柑橘管护技术回归结果

		解释变量	泊松回归模型	边际效应	负二项回归模型	零膨胀泊松回归模型
农户户主特征	户主性别		−0.111 （0.151）	0.907 （0.970）	−0.111 （0.151）	−0.093 （0.150）
	户主年龄		−0.011* （0.006）	0.989* （0.914）	−0.011* （0.006）	−0.011* （0.006）
	户主受教育程度（以小学及以下参照组）	初中	0.212 （0.139）	1.236 （1.107）	0.212 （0.139）	0.214 （0.143）
		高中	0.420*** （0.146）	1.461*** （1.174）	0.420*** （0.146）	0.377** （0.148）
		大专及以上	0.337* （0.175）	1.401** （1.112）	0.337* （0.175）	0.336* （0.177）
	种植年数		0.015* （0.009）	1.015* （1.087）	0.015* （0.009）	0.015* （0.009）
农户生产特征		柑橘种植面积	0.011*** （0.003）	1.011*** （1.087）	0.011*** （0.003）	0.011*** （0.003）
		家庭人口数量	−0.002 （0.038）	0998 （0997）	−0.002 （0.038）	−0.003 （0.039）
		柑橘收入占家庭收入比重	0.005** （0.002）	1.006** （1.132）	0.005** （0.002）	0.005** （0.002）
		是否兼业	−0.058 （0.096）	0.948 （0.974）	−0.058 （0.096）	−0.049 （0.096）
农户社会关系网络特征		农户户主政治地位	−0.074 （0.192）	0.929 （0.981）	−0.074 （0.192）	−0.057 （0.192）
		是否参加农业专业合作组织	0.023 （0.954）	1.023 （1.011）	0.023 （0.954）	−0.029 （0.096）
		是否有信贷渠道	0.216* （0.124）	1.241* （1.108）	0.216* （0.124）	0.209 （0.123）
农户信息认知特征	农户对环境生态关注程度（以不关注为参照组）	一般	0.222* （0.128）	1.249* （1.108）	0.222* （0.128）	0.212 （0.128）
		非常关注	0.251* （0.134）	1.286* （1.124）	0.251* （0.134）	0.243* （0.136）
	是否参加柑橘绿色管护技术培训		0.353** （0.151）	1.423** （1.137）	0.353** （0.151）	0.365** （0.154）
LR chi2			121.88	121.88	99.97	
Prob>chi2			0.0000	0.0000	0.0000	
Pseudo R2			0.1480	0.1480		
Prob>=chibar2				1.000		
Pr>z					0.1069	

注：*，**，*** 分别表示在 10%，5% 和 1% 的水平上显著。括号中的数字代表标准差。

6.3.3 结果分析

（1）农户户主特征

户主年龄在5%的统计水平上显著，且系数为负，说明在其他条件不变的情况下，户主年龄对农户采用柑橘绿色管护技术期望数量有负向影响。年龄越大的农户采用柑橘绿色管护技术期望数目越少，具体来说，年龄每增长1岁采用柑橘绿色管护技术期望数量为小1岁农户的0.989，即年龄增长1岁将导致其采用柑橘绿色管护技术子技术数量的期望数目降低1.1%。这一结论也与相关研究结论相符（Daberkow和MaBride，2003），原因是年龄越大的农户采用新农业技术获得的预期收益越小。除接受过初中教育程度的农户之外，户主受教育程度对农户采用柑橘绿色管护技术具有正向影响，伴随受教育程度的提高，农户采用柑橘绿色管护技术子技术的期望数量在提高，接受过高中及大专以上教育的农户，采用柑橘绿色管护技术的期望数量分别是受教育程度为小学及以下农户的1.461倍、1.401倍。这一结论也与已有研究相符合（Mishra等，2005）。可能的解释是，受教育程度高的农户往往更年轻、更具有创新精神，因而愿意采用更多的子技术。户主种植年数在5%统计水平上显著为正，表明种植经验越丰富的农户越愿意采用柑橘绿色管护技术，种植年数增加1年，采用柑橘绿色管护技术的期望数目会增加1.5%。已有研究认为，农户种植经验越丰富，越愿意采用新农业技术（Kabunga Nassul等，2014）。可能的原因是，从事柑橘生产时间长的农户在实践中更能意识到传统种植管理技术存在的弊端，更希望通过新的柑橘管护技术来解决存在的问题，因此其采用柑橘绿色管护技术的积极性更高。

（2）农户生产特征

柑橘种植面积在 1% 的统计水平上显著，且系数为正，说明在其他条件不变的情况下，柑橘种植面积对农户采用柑橘绿色管护技术期望数量有正向影响，种植面积每增加 1 亩，农户采用柑橘绿色管护技术期望数量会增加 1.1%。这一结论与 Mendola 等（2007）的研究结论相符，对于具有规模效应的农业技术，只有种植面积达到一定规模时，农户采用农业技术的积极性才会提高。柑橘收入占家庭收入比重在 5% 统计水平上显著且符号为正，表明柑橘收入占家庭收入比重高的农户采用柑橘绿色管护技术期望数量更多，柑橘收入占家庭收入比重每增加 1%，农户采用柑橘绿色管护技术期望数量会增加 0.6%。Kenneth W. Paxton（2011）用农业收入占家庭收入比重来反映农户对农业的依赖程度及资源投入，得出了相同的结论。柑橘收入占家庭收入比重越高，表明农户更依赖柑橘生产，也会把更多的资源投入到柑橘种植中，愿意采用更多的农业技术。

（3）农户社会关系特征

农户是否有信贷渠道在 5% 的统计水平上显著且系数为正，表明该变量对农户采用柑橘绿色管护技术有正向影响，有资金信贷渠道的农户采用柑橘绿色管护技术的期望数量会增加 23.2%。这与 Francisco Alcon 等（2011）的研究结论一致，即资金渠道是影响农户采用农业技术的重要因素之一。

（4）农户信息认知特征

农户生态环境关注程度对其采用柑橘绿色管护技术有正向影响，生态环境关注程度一般的农户、非常关注生态环境的农户采用柑橘绿色管护技术的期望数量是不关注生态环境农户的 1.249 倍和 1.286 倍。说明农户对生态环境关注程度越高，越愿意采用新技术。可能的解释是，关注生态环境的农户更认可柑橘绿色管护技术中可以改善果园生态环境的技术，因而更愿意采用更多的农业技术。农户是否参加技术培训在 5% 的统计水平上显著且系数为正值，表明参加柑橘绿色管护技术培训可以提高农户采用技术数量，具体来说，参加技术培训的农户采用柑橘绿色管护技术期望数量是没参加技术培训农户的 1.423 倍。

6.4 本章小结

本章基于江西省赣州地区 8 个县市 237 份柑橘种植农户的调研数据，利用计数模型，分析了农户柑橘绿色管护技术采用强度及其影响因素。研究表明：第一，农户户主特征是影响农户采用柑橘绿色管护技术的重要因素。年龄越大的农户采用该技术的积极性越低；而受教育程度越高的农户采用该技术的可能性越大；柑橘种植经验也会提高农户采用该技术的积极性。第二，农户生产特征会显著影响其采用柑橘绿色管护技术。种植面积越大的农户越愿意采用更多的柑橘绿色管护技术；而柑橘收入占家庭收入比重对农户采用该技术也有正向影响。第三，相对于没有信贷渠道的农户，拥有信贷渠道的农户倾向于采用更多的柑橘绿色管护技术。第四，农户信息认知特征会影响农户采用柑橘绿色管护技术。其中农户对生态环境关注程度、农户是否参加培训对农户采用柑橘绿色管护技术都有正向影响。

基于上述分析，本章得出如下启示：第一，农业技术推广要有一定的针对性，农业技术推广机构在推广农业技术时可以优先选择柑橘种植面积大、以柑橘产业为主业的农户，这样能够提高农业技术推广效率。第二，鉴于信贷渠道对农户采用农业技术的正向作用，相关主管部门应加大农村信贷市场的发展力度，保证农户正规信贷或非金融机构信贷的可获得性，使得农户能够通过多种渠道融资，从而有能力进行投资，更好地采用柑橘绿色管护技术。第三，加强生态环境重要性的宣传力度，使农户了解党和政府在新形势下对农业发展、转型的要求；组织各种形式的讲座、培训，对柑橘绿色管护技术的特性、实施要点进行培训，提高农户对柑橘绿色管护技术的了解程度，明确柑橘绿色管护技术在果园生态环境建设方面的作用，以引导农户合理采用柑橘绿色管护技术。

第 7 章　柑橘病虫害综合防治技术联合采用分析

农产品安全生产是食品安全的重要源头，也是确保食品安全的根本，其中农药施用是关系到农产品安全生产的主要环节。作为现代农业中的重要生产要素，化学农药的施用是防治农作物病虫害最常用的手段，化学农药的合理施用可以减少人工投入成本，提高农业生产效率，在保障农产品尤其是粮食供给方面发挥了重要作用。Schreinemachers 和 Tipraqsa（2012）研究发现农药用量每公顷增长 1.8%，可以带来产量增长 1%。Soares 和 Porto（2009）研究发现农药施用可以极大地节约农业生产中的劳动力投入。另一方面，化学农药毒性较强，如果施用不规范，会导致农药污染和农药残留等问题，这些问题会影响农产品质量安全，危害人体健康，污染生态环境，因此，近年来农药的施用过程中存在的种种问题也日益引起研究者的关注。

有研究表明，由于对农药危害性认知不足以及监管缺位等原因，部分农业生产者为了追求市场效益，违反农药施用的有关规定，在农药施用过程中加大农药施用量，并缩短农药间隔期，导致农业生产中普遍存在化学农药过量施用的现象（蔡荣，韩洪云，2012；米建伟等，2012）。王常伟和顾海英（2013）根据有关文献估算的结果认为，我国单位面积化学农药用量比发达国家高 2.5~5 倍，每年约有超过 10 亿亩作物遭受残留农药污染。2015 年农业部印发农业部制定的《到 2020 年农药施用量零增长行动方案》的数据显示，2012—2014 年中国农作物病虫害防治农药每年平均使用量 31.1 万吨，比 2009—2011 年增长了 9.2%。过量农药的施用带来了诸多负面影响：农药残留超标降低了产品品质；过量农药通过挥发进入到环境中，形成面源污染源。吴林海等（2011）的研究表明，一些疾病发生率的提高与农药过量施用存在密切的关系。因此，控制农药的施用已经成为保证食品安全、保护环境、提高人民生活福利水平的重要保证，也是亟待解决的重大问题。为了控制农药的过度施用，中央政府及相关主管部门也陆续出台了一系列文件，并发布了相关指导方针和纲领。如农业农村部提出力争到 2020 年农药使用总量实现零增长的目标。而要实现这个目标，关键之一就是要“应用生物防治、物理防治等农作物绿色管护技术，创建有利于作物生长、天敌保护而不利于病虫害发展的环境条件，从而达到少用药的目的。”

为什么生产中会存在农药过量施用问题？这个问题可以从宏观和微观两个层面分析。Carvalho（2006）的研究认为，一个国家农药的施用状况受到宏观经济环境和经济发展水平的影响，具体而言，发展中国家往往存在农药过度施用问题，而发达国家农药施用较为合理。Schreinemachers 和 Tipraqsa（2012）的研究也进一步证实了 Carvalho 的研究结果，他们利用联合国粮农组织的数据对不同国家农药施用量进行了分析，结果显示，发展中国家农药施用强度高于发达国家，且施用量增长速度较快。相对地，发达国家农药施用强度较低，且部分发达国家施用强度呈现下降趋势。从微观层面来看，由于农户是农药施用的主体，也是农药施用量的决策者，因此治理农药过度施用问题必然要落实到微观农户层面。农户作为技术采用决策的主体，研究并了解其对柑橘绿色管护技术采用的意愿及影响因素，对于理解农户农业技术采用行为的内在逻辑，推广柑橘绿色管护技术的应用，进而降低化学农药过量施用具有现实意义。

柑橘是中国种植面积最大和产量最多的水果之一。经过几十年的发展，柑橘产业已经成为我国南方柑橘主产区的重要经济产业，同时，研究发现部分产区也存在农药过量施用问题。为减少化学农药的施用，近年来柑橘科技工作者研发了柑橘绿色管护技术。本章以江西赣州柑橘主产区柑橘种植农户调查为基础，通过构建联立双变量 Probit 模型分析农户柑橘绿色管护技术采用的影响因素，并给出相应政策启示，以期为政府相关决策提供依据。

7.1 文献综述与回顾

现有文献对柑橘绿色管护技术的研究多集中在自然科学领域，对农户的采用行为研究较少。蔡书凯（2013）分析了安徽省水稻种植农户对病虫害绿色防控技术采用的影响因素，研究表明，整体来看农户对绿色防控技术采用程度较低，水稻耕作规模与病虫害绿色防控技术的采用呈 U 形关系，水稻种植收入占家庭总收入的比重越高的农户，绿色防控技术采用水平越高。租入耕地比重越高的农户采用绿色管护技术的程度越低。此外户主年龄、文化程度、户主参加技术培训等因素是影响农户采用柑橘绿色管护技术的主要因素。朱淀等（2014）对中国苏南地区水稻种植农户的调查表明，样本农户的边际生产效率接近于 0，表明农户已经存在过量施用农药的问题，进一步的分析表明，土地的肥沃程度、农业收入比例及农户是否兼业是影响农户过度施用农药的因素，而参加过农药知识培训，知道禁用农药种类的农户过量施用农药的可能性较低。

农户采用生物农药的影响因素主要有农户性别、年龄、受教育年限、对农药残留的认知、种植面积、蔬菜价格水平等。刘洋等（2015）的研究表明，性别、受教育程度、柑橘绿色管护技术感知易用性、邻居的影响、生态环境关注度是影响农户柑橘绿色管护技术采用的关键因素。

上述文献多把特定作物的绿色管护技术作为一个整体展开研究，采用二元 Logit 模型分析农户是否采用该技术。实践中柑橘绿色管护技术多以技术包形式出现，即一项技术包含有多项子技术，农户可能逐步采用或选择性采用其中的部分子技术，而不是采用所有子技术，这种情况下会产生联立选择问题，目前针对此类问题的研究较少。

7.2　理论分析与模型构建

7.2.1　理论分析

柑橘病虫害综合防治技术主要由物理防控和生物防控两个子技术组成，物理防控技术主要是采用杀虫灯、黄板、诱杀罐等设施诱杀害虫；生物防治技术主要指采用扑食螨、生物农药防控害虫。农户在柑橘生产过程中，会通过对上述多项技术的联合运用建立适合自己的病虫害综合防治技术。例如，农户可能在采用物理防控技术时也倾向于采用生物防控技术，反之亦然。农户也可能因为更偏好其中一种技术而放弃另一种技术的采用。因此可以假定柑橘种植农户在利润最大化和要素禀赋约束下，对物理防控和生物防控的两类子技术采用行为具有联立性，柑橘种植农户病虫害管护技术是包括物理防控和生物防控替代或互补效应的函数。

柑橘种植农户对病虫害管护技术的联合采用行为，受到多重因素的影响。从宏观上来看，受到技术推广主体和服务部门的影响，技术创新及推广主体的主要职能是通过技术推广培训和技术公共服务，在农业生产一系列环节中，向柑橘种植农户传递各种技术信息，但由于技术创新及推广主体具有自己的特点，在向农户传递推广技术信息时存在着冲突和矛盾，从而导致农户对不同的技术信息了解侧重点不一致，因此农户对不同的技术采用有不同的理解，进而形成对各项技术的不同的技术组合。

从微观上来看，已有大量实证研究证明，农户个体特征、家庭经营特征等因素也会对农户技术采用行为产生影响，基于农户行为理论及国内外相关研究成果，结合柑橘产业实际情况，本书将农户柑橘病虫害综合防治技术采用行为的因素归纳为农户个人特征、家庭经济特征、生产经营特征、心理认知特征共四类。

（1）农户个人特征

农户个人特征包括农户户主年龄、是否为村干部、户主受教育程度。一般而言年龄较大的农户习惯于已有的生产方式和耕作经验，在新技术采用过程中往往以追随者的身份出现，对新技术接受程度要低于年龄较小的农户。村干部一般拥有更广泛的社会网络，信息来源多，视野较开阔，选择柑橘病虫害综合防治技术的可能性较高。受教育程度越高的农户越能更好地理解相对较复杂的新技术，较容易掌握其应用原理并运用于实践中，可以假定受教育程度对农户采用新技术具有正向影响。

（2）家庭经济特征

家庭经济特征包括家庭人口数、柑橘收入比例、是否兼业。柑橘病虫害综合防治技术往往需要投入更多的劳动力，劳动力不足会限制农户对其的采用。此外，劳动力可以对资金、土地等要素形成替代，劳动力充足的农户对资金、土地等资源的依赖较低，采用新技术的能力更强。但具体到某项子技术，柑橘收入占家庭收入的比例越高，说明柑橘收入在家庭生产结构中的地位越高，农户会从长远利益考虑柑橘产业的发展，采用更科学的柑橘病虫害综合防治技术。一般认为，农户是否兼业能反映农户对柑橘产业的依赖性与重视程度，由于农业收益相对偏低，有兼业的农户会把更多资源投入非农产业，在农业生产中会选择更传统的对劳动力、资金等资源需求少的技术，采用柑橘病虫害综合防治技术的意愿相对较低。

（3）生产经营特征

农户生产经营特征包括种植面积、是否参加合作社、是否参加过技术培训。一般认为农户柑橘种植面积越大，采用农业技术可以获得更好的规模效应，采用农业技术的单位成本更低，农户采用柑橘病虫害综合防治技术的可能性越大，当然，也有研究指出，种植规模可能对农户采用新技术具有负面影响（孔祥智等，2004）。因此，可以假定种植规模对农户采用柑橘病虫害综合防治技术的影响不确定。合作社之类的产业组织是一个有效的信息平台和交流渠道，加入合作社的农户可以及时获得技术指导与技术信息，因此可以假定加入合作社的农户选择柑橘病虫害综合防治技术的意愿更高。柑橘病虫害防治技术相对传统化学农药的使用更复杂，接受过培训的农户对技术掌握程度更高，也更有信心采用柑橘病虫害综合防治技术，可以假定参加过技术培训的农户接受柑橘病虫害综合防治技术的可能性更高。

（4）心理认知特征

心理认知特征包括农户关于化学农药过量施用危害的认知程度、柑橘病虫害综合防治技术有用性的认知程度、柑橘产业发展前景的认知程度。柑橘病虫害综合防治技术的目的在于通过鼓励自然控制的方法控制病虫害，达到降低化学农药施用的目的，农户关于化学农药过量施用危害的认知程度越高，出于自身健康和环境保护的目的，选择柑橘病虫害综合防治技术的可能性越大。作为化学农药的替代技术，如果农户相信采用柑橘病虫害综合防治技术可以获得比施用化学农药更多的收益，其采用该技术的可能性会增强。

7.2.2 模型构建

柑橘病虫害综合防治技术能在一定程度上替代化学农药有效地防治病虫害。农户在选择物理防控技术、生物防控技术时受到诸多相同因素影响。随机扰动项可能相关，两者之间不相互独立，其相互作用会产生 4 种结果：选择物理防控技术和生物防控技术、只选择物理防控技术、只选择生物防控技术、不采用柑橘病虫害综合防治技术技术。本书用 $y_1=1$ 表示农户采用物理防控技术，$y_1=0$ 表示农户不采用物理防控技术；$y_2=1$ 表示农户采用生物防控技术，y_2=0 表示农户不采用生物防控技术，则农户对于柑橘病虫害综合防治技术采用的结果有 4 种：（1，1）、（1，0）、（0，1）、（0，0）。

为分析农户柑橘病虫害综合防治技术采用行为的影响因素，可以建立联立双变量 Probit 模型，模型设定如下：

$$y_1^*=\beta_1+\beta_1'X_1+\varepsilon_1，若\ y_1^*>0，则\ y_1=1；否则为\ y_1=0 \quad (7\text{–}1)$$

$$y_2^*=\beta_2+\beta_2'X_2+\varepsilon_2，若\ y_2^*>0\ 且\ y_1^*>0，则\ y_2=1；否则为\ y_2=0 \quad (7\text{–}2)$$

其中，X，β 分别为解释变量和待估系数的列变量。$E(\varepsilon_1)=E(\varepsilon_2)=0$，$Var(\varepsilon_1)=Var(\varepsilon_2)=1$，$Cov(\varepsilon_1，\varepsilon_2)=\rho$。

在式（7–1）和式（7–2）中，y_j^* 是无法观测的潜变量，由解释变量 X 决定，当潜变量 $y_j^*>0$ 时，则 y_j=1，即农户选择采用物理防控技术或生物防控技术。β_1, β_1', β_2, β_2' 为待估系数。ε_1, ε_2 为服从二元联合正态分布的随机扰动项。ρ 为 ε_1 与 ε_2 的相关系数，若 ρ =0 表明 ε_1 与 ε_2 不相关，式（7–1）和式（7–2）两个方程可以分别估计，分别估计结果与同时估计结果完全一致；若 $\rho>0$，表明 y_1 与 y_2 呈现互补效应；若 $\rho<0$，则 y_1 与 y_2 呈现替代效应。

7.2.3　数据来源与变量描述性统计

本章所使用的数据来自课题组对江西省赣州市柑橘种植农户的调查。在 237 份有效样本中，采用柑橘病虫害综合防治技术的农户数量为 185 户，占全部样本数的比例为 78.06%。而在这 185 户农户中，既采用物理防控技术又采用生物防控技术的农户占样本总量的 42.19%，只采用物理防控技术的农户占样本总量的 22.36%，只采用生物防控技术的农户占样本总量的 9.28%，没有采用过柑橘病虫害综合防治技术的农户占样本总量的 26.17%。

表 7-1　自变量描述性统计

变量名称		测量及赋值	均值	标准差	预期方向
农户特征变量	户主年龄	户主的实际年龄（岁）	44.14	6.31	−
	是否为村干部	是 =1，否 =0	0.08	0.16	+
	户主受教育程度	小学及以下 =1；初中 =2；高中 =3；大专及以上 =4	2.32	0.80	+
家庭特征变量	家庭人口数	家庭实际人口数量（人）	4.04	1.28	+
	柑橘收入比例	柑橘收入占家庭收入比例（%）	75.70	21.35	+
	是否兼业	兼业 =1，非兼业 =0	0.43	0.49	−
生产特征变量	柑橘种植规模	柑橘实际种植面积（亩）	29.43	18.91	+
	是否参加合作社	是 =1，否 =0	0.61	0.57	+
	是否参加过技术培训	参加 =1，未参加 =0	0.80	0.30	+
心理认知变量	化学农药过量施用的危害	不了解 =1，了解一些 =2，非常了解 =3	1.98	0.84	+
	柑橘绿色管护技术有用性认知	作用不大 =1，一般 =2，非常有用 =3	1.89	0.81	+

自变量描述性统计如表 7-1 所示。这 185 农户的平均年龄为 44.14 岁，比全部样本农户的平均年龄要小。是否为村干部均值为 0.08，户主受教育程度均值为 2.32，柑橘种植面积均值为 29.43 亩，是否参加过技术培训均值为 0.80。这 4 个变量均值要高于全部样本农户的均值。而家庭人口数、是否参加过合作社 2 个变量均值要低于全部样本农户均值。

7.3　模型分析与结果分析

7.3.1　估计结果

基于调查数据，运用 Stata 11.0 统计软件对农户采用柑橘病虫害综合防治技术的影响因素进行了联立双变量 Probit 模型估计。参数估计结果如表 7-2 所示。

表 7-2　农户柑橘病虫害综合防治技术采用模型的估计结果

变量名称		物理防控技术		生物防控技术	
		估计系数	Z 值	估计系数	Z 值
农户特征变量	户主年龄	-0.021*	-1.70	-0.023**	-1.77
	是否为村干部	0.129	0.32	0.377	0.91
	户主受教育程度	0.440***	3.22	0.281***	2.08
家庭特征变量	家庭人口数	0.124*	1.16	0.061	0.80
	柑橘收入比例	0.009**	2.10	-0.002	-0.59
	是否兼业	0.410*	1.74	-0.394*	-1.68
生产特征变量	柑橘种植规模	0.007	0.96	0.004	0.68
	是否参加合作社	-0.305	-1.45	0.069	0.34
	是否参加过技术培训	0.869***	3.14	0.631**	2.24
认知变量	化学农药过量施用的危害	0.223	1.05	0.529***	2.46
	柑橘病虫害综合防治技术有用性认知	0.372*	1.72	0.571*	2.79
常数项		-2.007*	-2.29	-2.718***	-3.08
Log likelihood		-222.432			
ρ		0.241***			

注：*，**，*** 分别表示在 10%、5% 和 1% 的统计水平上显著。

总体上来看，联立双变量 Probit 模型的拟合度较好，在 1% 的水平上显著，其值为正，表明农户对物理防控技术与生物防控技术的选择是相关的，且两者呈现互补效应，即采用物理防控技术的农户，同时又选择采用生物防控技术的可能性大于未采用物理防控技术的农户，反之亦然。

7.3.2　估计结果分析

（1）农户特征变量的影响

户主年龄对农户采用物理防控技术和生物防控技术有负向作用，分别在 10% 和 5% 的水平上显著，与预期相符。表明年龄小的户主对柑橘病虫害综合防治技术接受程度高于年龄大的户主。也证明了前述假定：年龄大的人较保守，而年轻人更愿意尝试新技术。

户主是否为村干部对农户采用柑橘病虫害综合防治技术没有影响，可能与调查样本中村干部数量较少有关。

户主受教育程度对农户采用物理防控技术和生物防控技术均有正向影响，且在 1% 的统计水平上显著，与预期相符。教育程度更高的农户视野更开阔，对柑橘病虫害综合防治技术了解更全面，对掌握新技术更有信心。

（2）家庭特征变量

家庭人口数对采用物理防控技术有正向影响，且在 10% 的统计水平上显著，这是因为采用物理防控技术中杀虫灯、黄板、诱杀罐的安置、更换需要付出更多的劳动，如果劳动力缺乏可能会放弃采用，而劳动力充足的农户则不会受到影响。家庭人口数对农户采用生物防控技术影响不显著，可能的原因是，与农户定时施用化学农药相比，采用生物防控技术并不需要更多的劳动力。

柑橘收入比例对农户采用物理防控技术有显著影响，且在 5% 的统计水平上显著，与预期相符。柑橘收入比例高的农户一般把柑橘当做家庭主要产业，愿意投入更多的精力来经营，包括采用新的农业技术。但该变量对农户采用生物防控技术影响不显著，原因有待进一步分析。

是否兼业对农户采用物理防控技术有正向影响，且在 10% 的统计水平上显著，这是因为，物理防控技术采用后可以使用较长时间，通过采用物理防控技术，兼业农户可以降低自己在生产中的投入，把更多的资源投入到非农产业中。是否兼业对农户采用生物防控技术有负向影响，且在 10% 的统计水平上显著。原因可能是，目前生物防控技术的病虫害防治效果比传统化学农药还是要差一些，采用生物防控技术意味着农户反而要付出更多精力采用其他辅助措施应对病虫害。

（3）生产特征变量

柑橘种植规模对农户采用柑橘病虫害综合防治技术影响不显著。这可能与地块分散程度等原因有关，有待进一步研究。

合作社对农户采用柑橘病虫害综合防治技术影响不显著。调查中也发现，虽然农户加入合作社的比例较高，但农户与合作社的关系较为松散，多数合作社在农户生产中的组织作用不明显，调查还发现部分合作社为空壳合作社。

是否培训对农户采用柑橘病虫害综合防治技术有正向影响，分别在 1% 和 5% 的统计水平上显著，说明农业技术培训对新技术的推广与应用有重要影响，参加过培训的农户对新技术认识更深刻，对其收益更清楚，采用新技术的概率就会高。

（4）认知变量

化学农药过量施用危害认知对农户采用生物防控技术有正向影响，且在 1% 的统计水平上显著，与预期相符。但该变量对农户采用物理防控技术影响不显著，调查中发现，很多农户把物理防控技术视为控制病虫害的一种补充手段，即使采用了生物防控技术仍然愿意尝试一下。柑橘病虫害综合防治技术的有用性认知对农户采用柑橘病虫害综合防治技术有正向影响，均在 10% 的水平上显著，表明农户对柑橘病虫害综合防治技术的实际效果很关注，如果柑橘病虫害综合防治技术达不到防控病虫害效果，农户采用的可能性会很小。

7.4 本章小结

在对赣州柑橘农户调查数据的基础上，本章采用联立双变量 Probit 模型分析了农户柑橘病虫害综合防治技术采用及其影响因素。得出以下结论：农户采用物理防控技术与生物防控技术存在互补效应；受农户特征、家庭特征、生产特征、认知特征的影响。具体而言，在农户采用物理防控技术方面，户主年龄对其有负向影响，而户主受教育程度、柑橘收入比例、是否兼业、是否参加过技术培训、化学农药过量施用危害认知程度及柑橘绿色管护技术有用性认知对其有正向影响。在农户采用生物防控技术方面，户主年龄、是否兼业对其有负向影响，受教育程度、是否参加过技术培训、化学农药过量施用危害认知程度、柑橘绿色管护技术有用性认知对其有正向影响。

基于上述分析，本章得出如下政策启示：第一，加大柑橘绿色管护技术的培训力度，组织各种形式的讲座、培训，提高农户对柑橘绿色管护技术的了解，可以引导农户合理采用柑橘绿色管护技术。第二，在柑橘绿色管护技术推广方面，主管部门要有一定的针对性和选择性，优先在柑橘产业收入比重高的主产区进行，可以提高柑橘绿色管护技术推广效率。第三，加强对柑橘绿色管护技术的宣传力度，使农户充分意识到柑橘绿色管护技术对柑橘产业、环境、人体健康的重要意义。

第 8 章　农户病虫害综合防治技术采用及连续采用影响因素分析

现代农业中化学农药的施用是防治农作物病虫害最常用的手段之一，化学农药在提高作物产量、保障农产品供给等方面发挥了重要作用。同时，农药施用过程中存在的种种问题也日益引起研究者的关注。由于对农药危害性认知不足及监管缺位等原因，我国农业生产中普遍存在化学农药过量施用的现象。过量农药的施用带来了诸多负面影响：农药残留超标降低了产品品质；过量农药通过挥发进入到环境中，形成面源污染源；农药过量施用导致人体某些疾病发生率提高。农业生产过程中控制化学农药的过量施用，已成为亟待解决的重大问题。柑橘是我国种植面积最大和产量最多的水果之一。柑橘产业已经成为我国南方部分地区的支柱产业，有研究发现柑橘生产过程中也存在农药过量施用问题。为减少化学农药的施用，近年来柑橘科技工作者研发了病虫害综合防治技术（IPM 技术）。该技术以生态栽培、生物防治、理化诱杀、精准用药为特点，旨在实现病虫害防治目标的前提下，减少化学农药施用，降低农药对生态环境的负面影响。农户是农业生产经营的主体，是农业技术具体的采用者和实施者，了解农户病虫害综合防治技术采用现状，掌握主要影响因素，对于推广病虫害综合防治技术有着现实意义。

8.1 文献回顾与评述

现有与病虫害综合防治技术相关的文献大致可以归纳为三类：一是从技术层面探讨该技术的效果、意义、推广阻碍，这些文献多来自于自然科学领域，如不同作物病虫害综合防治技术对病虫害的控制效果分析，病虫害综合防治技术对减少农药过量施用及降低农作物农药残留的正面影响，以及病虫害综合防治技术推广的障碍及解决方法。二是分析农户采用病虫害综合防治技术子技术如绿色农药、生物农药的采用行为。研究发现，农户自身特征如户主性别、年龄、受教育程度、家庭人口数量、耕地特征、种植面积、对绿色农药的认知等内部因素是影响农户采用绿色农药、生物农药的重要因素。此外，农产品的商品化程度、技术推广部门提供的技术培训、农药经销商的服务水平、政府的宣传与推动以及绿色农药与高毒农药的成本比较等外部因素也是影响农户采用病虫害综合防治技术的主因。三是农户采用病虫害综合防治技术的行为及其影响因素的分析。相关研究从农户个人特征、自然条件、社会环境、经济环境等多个方面分析了农户采用病虫害综合防治技术的影响因素，研究发现，农户户主性别、受教育程度、种植面积、技术培训、专业化程度、技术感知易用性、邻居的影响、生态环境关注度是影响农户病虫害综合防治技术采用的关键因素。

上述研究成果丰富，对本研究有重要启发与借鉴意义，但仍存在进一步拓展的空间。现在研究多以水稻、玉米等粮食作物为主，对水果产业的研究较少。此外，产业农户农业技术采用是一个循序渐进的学习过程，农户技术采纳决策并非是单纯的一次性过程。实践中农户在某一时点上采用了某种农业技术，在使用一段时间后，有可能不再继续使用该项农业技术。上述相关研究较多关注农户“是”“否”采用病虫害综合防治技术及其影响因素，而对农户采用病虫害综合防治技术后是否继续采用研究较少。鉴于此，本章试图进一步丰富本领域的研究，以江西柑橘产业为例，基于针对农户的微观调查数据，实证分析农户采用及连续采用病虫害综合防治技术影响因素，为农业技术的推广及巩固推广效果提供参考。

8.2　农户柑橘病虫害综合防治技术采用及连续采用状况

结合柑橘病虫害的发生规律及赣南地区柑橘品种的特点，当地农技部门总结出由生态栽培、生物防治、理化诱杀、精准用药 4 项技术组成的病虫害综合防治技术。借鉴相关做法，以 2013 年为标准，在 2013 年前采用过病虫害综合防治技术的农户视为该技术的采用者，2013 年后连续采用该技术两年以上的视为病虫害综合防治技术的连续采用者。调查结果显示，样本农户中采用病虫害综合防治技术的农户所占比例为 78.06%。其中采用该技术的农户中又有 34.59% 的农户在此后的生产中放弃采用该技术（见表 8–1）。

表 8–1　病虫害综合防治技术采用及连续采用状况

数据	采用病虫害综合防治技术		未采用病虫害综合防治技术
	连续采用	未连续采用	
样本数 / 户	121	64	52
占采用技术样本百分比	65.41%	34.59%	
占样本总量百分比	78.06%		21.94%

8.3 理论分析、模型构建与变量描述

8.3.1 理论分析

已有研究证明，农户农业技术采用及连续采用行为受多个因素影响，相关影响因素可归纳为8类：信息与教育；农户户主及家庭生产特征；环境因素；劳动力；土地；信贷；基础设施及市场；风险及不确定性。当然，由于不同性质、用途的农业技术存在着较大差异，已有研究并没有找到公认一致的解释变量。基于农户行为理论及已有研究文献，结合病虫害综合防治技术自身属性，本书从以下4个方面考察农户病虫害综合防治技术采用及连续采用行为。

（1）户主个人特征

户主个人特征变量主要包括户主性别、年龄、教育程度。户主性别对农户采用农业技术的决策有一定影响，相比女性户主，男性户主更具有冒险和挑战精神，愿意尝试新技术。农户户主的教育程度会影响其认知水平，教育程度高的农户视野较开阔，认知能力较强，对农业技术理解更深刻，更倾向于采用新型农业技术。户主年龄可以反映户主的生产经历和经验上的差异，一般认为户主年龄越大，思想观念会越保守，生产中会依照已有经验行事，接受新事物能力较低，因此接受农业技术的概率较低。

（2）农户生产特征

农户生产特征变量主要包括柑橘种植面积、柑橘收入占家庭收入比重、家庭劳动力数量、柑橘种植年限、是否兼业。一般而言，种植面积越大的农户采用农业技术更容易获得规模效应，采用新型农业技术的可能性会越

大。农业收入占家庭收入比重可以反映农户对农业收入的依赖性。就柑橘种植农户而言，柑橘占家庭收入比重越高，农户在生产中会更着重考虑柑橘价值增加值，选择病虫害综合防治技术的可能性越大。家庭劳动力数量多的农户可以用劳动力形成对资金、土地等生产要素的替代，对新技术支付能力更强，更倾向于采用新型农业技术。柑橘种植年限长的农户生产经验通常更丰富，有可能更愿意沿袭传统生产方式从事生产，但另一方面，长期从事柑橘种植的农户对柑橘产业有着更深的感情，出于长远利益考虑，也会愿意采用更好的新型技术。与其他产业相比，农业的比较利益较低，如果一个农户存在兼业行为，可能会更多地把资源投向其他产业，农业生产中会选择传统的化学防治方法控制病虫害，采用病虫害综合防治技术的概率相对较低。

（3）农户社会网络特征

农户社会网络特征主要包括农户户主政治地位（是否为村干部或党员）、农户是否参加农业专业合作社。农户社会网络是农户获取农业技术的重要来源，也为农户相互交流农业技术的使用经验提供了渠道。具有干部或党员身份的农户通常拥有更高的权威和声望，农业技术推广部门在进行技术推广时往往最先联系他们，因此这部分农户一般较早接触到新型农业技术并予以采用。参与农业专业合作社的农户可以按照合作社的统一部署从事农业生产，合作社可以向农户提供技术辅导和示范，合作社成员之间的交流也有利于农户更好地掌握技术的特点和取得经济价值，因此参加农业专业合作社的农户采用病虫害综合防治技术的可能性更高。

（4）农户信息认知特征

农户信息认知特征包括农户对病虫害综合防治技术有用性的感知、是否参加过技术培训。如果农户从病虫害综合防治技术中获得益处，带来更高的效益，农户采用病虫害综合防治技术的意愿会更强烈。技术培训对农业技术采用有积极意义。相对传统的化学农药防控方式，病虫害综合防治技术更复杂，农户参加技术培训可以获得更多的信息与知识，也更有信心在实践中加以施用。

8.3.2 模型构建

农户病虫害综合防治技术采用及连续采用两个决策行为可以用两个独立的 Probit 或 Logistic 模型进行计量，由于农户连续采用病虫害综合防治技术这一行为的成立是以农户采用该技术为基础的，对两个决策分别进行计量可能会忽略两者之间不可观测变量的相关性，不能保证计量结果无偏和一致性。为了解决这一问题，可以使用样本选择双变量 Probit 回归模型。该模型由 Heckman 样本选择模型发展而来，与 Heckman 样本选择模型的区别在于，该模型的结果方程（农户连续采用农业技术）采用的也是 Probit 方程而非线性方程。该模型能在考虑两个方程随机项存在相关性的前提下同时估计两个方程。

假定农户采用病虫害综合防治技术获得效用的潜变量 y^*_j 由解释变量 X 决定，当潜变量 $y^*_j > 0$ 时，则 $y_j=1$，即农户选择采用病虫害综合防治技术。而且只有当 $y_1=1$ 时，才能进一步观测到农户是否连续使用该技术。样本选择双变量 Probit 模型的两个方程都基于 Probit 模型的基本形式：

$$Prob（Y=1）=\int_{-\infty}^{\beta 'X} \phi（t）dt=\frac{e^{\beta 'X}}{1+e^{\beta 'X}} \tag{8-1}$$

由于存在两个相关的方程，可以把它们设定为：

$y^*_1=\beta_1'X_1+\varepsilon_1$，若 $y^*_1 > 0$，则 $y_1=1$，否则为 0　（8-2）

$y^*_2=\beta_2'X_2+\varepsilon_2$，若 $y^*_2 > 0$ 且 $y^*_1 > 0$，则 $y_2=1$，否则为 0　（8-3）

式中 χ，β，分别为解释变量和待估系数的列变量。$E(\varepsilon_1)=E(\varepsilon_2)=0$，$Var(\varepsilon_1)=Var(\varepsilon_2)=1$，$Cov(\varepsilon_1, \varepsilon_2)=\rho$。

在上述假定下，可以把农户是否采用病虫害综合防治技术和是否连续采用该技术作为样本选择双变量 Probit 模型的两个因变量，并对其影响因素进行验证。设农户采用病虫害综合防治技术和连续采用该技术的两个因变量分别为 y_1 和 y_2，相应地，可以得到 3 个联合概率函数：

$$y_1=0：Prob(y_1=0)=\Phi(-x_1\beta_1) \quad (8\text{–}4)$$

$$y_1=1，y_2=0：Prob(y_1=1, y_2=0)=\Phi(x_1\beta_1)-\Phi_2(x_1\beta_1, x_2\beta_2, \rho) \quad (8\text{–}5)$$

$$y_1=1，y_2=1，Prob(y_1=1, y_2=1)=\Phi_2(x_1\beta_1, x_2\beta_2, \rho) \quad (8\text{–}6)$$

式中，Φ 为单变量正态累积分布函数，Φ_2 为二元变量正态累积分布函数。上述函数可以用最大似然估计法进行估计。

8.3.3　变量描述性统计

基于调查数据，本书所选影响农户病虫害综合防治技术采用及连续采用的 4 类因素 12 个变量，其含义及统计分析结果见表 8–2。

表 8–2　变量含义及统计分析

变量名称		测量及赋值	均值	标准差	预期方向
农户采用病虫害综合防治技术		采用 =1，未采用 =0	0.78	0.44	
农户连续采用病虫害综合防治技术		连续采用 =1，未连续采用 =0	0.65	0.50	
农户个人特征	户主性别	男性户主 =1，女性户主 =0	0.90	0.30	–
	户主年龄	户主的实际年龄（岁）	45.34	8.48	–
	户主受教育程度	小学及以下 =1；初中 =2；高中 =3；高中以上 =4	2.12	1.00	+
农户生产特征	柑橘种植面积	柑橘实际种植面积（hm^2）	25.83	14.96	+
	柑橘收入占家庭收入比重	柑橘收入占家庭收入比重（%）	74.79	22.90	+

续表 8-2

变量名称		测量及赋值	均值	标准差	预期方向
农户生产特征	家庭劳动力数量	家庭实际人口数量（人）	5.02	1.43	+
	种植年数	柑橘实际种植年数（年）	13.63	6.04	?
	是否兼业	兼业 =1；非兼业 =0	0.48	0.50	–
农户社会网络特征	农户户主政治地位	户主为党员或村干部 =1；否则 =0	0.07	0.26	+
	是否参加农业专业合作社	参加 =1，未参加 =0	0.62	0.49	+
农户认知特征	病虫害综合防治技术有用性认知	不满意 =1,；一般 =2；很满意 =3	2.08	0.85	+
	技术培训	参过加技术培训 =1；没参加 =0	0.79	0.40	+

注：“–”表示负向影响，“+”表示正向影响，“？”表示影响方向不确定。

8.4 估计结果及分析

8.4.1 Heckman 两阶段模型估计结果

本书使用 Stata 12.0 进行数据分析，运用 Heckman 两阶段模型得到了农户采用及连续采用病虫害综合防治技术的回归结果。回归结果显示，逆米尔斯比率在 10% 的统计水平上通过了显著性检验，表明存在样本选择性偏差，选择 Heckman 两阶段模型合理。模型卡方统计值为 33.07 且在 1% 统计水平上显著，说明模型总体拟合程度较好，具有较好的解释力。

表 8-3 农户病虫害综合防治技术采用及连续采用影响因素估计结果

变量			病虫害综合防治技术采用模型 1		病虫害综合防治技术连续采用模型 2	
			系数	标准误	系数	标准误
农户个人特征	户主性别		0.172	0.380	0.600	0.441
	户主年龄		–0.034*	0.015	–0.042*	0.017
	户主受教育程度（以小学及以下为参照组）	初中	0.038**	0.278	0.062	0.518
		高中	0.309***	0.410	0.298***	0.700
		中专及以上	0.711**	0.470	0.416***	0.811

续表 8-3

变量			病虫害综合防治技术采用模型 1		病虫害综合防治技术连续采用模型 2	
			系数	标准误	系数	标准误
农户生产特征	柑橘种植面积		0.025*	0.007	0.001	0.007
	柑橘收入占家庭收入比重		0.317***	0.005	0.226**	0.010
	家庭劳动力数量		0.031	0.082	0.048	0.101
	种植年数		0.025	0.032	0.214	0.025
	是否兼业		–0.061	0.257	–0.173	0.324
农户社会网络特征	农户户主政治地位		0.154*	0.754	0.059	0.562
	是否参加农业专业合作社		0.159	0.201	0.091	0.289
农户认知特征	病虫害综合防治技术有用性认知（以一般为参照组）	有用	0.401*	0.309	0.400	0.332
		非常有用	0.260*	0.335	0.276*	0.376
	是否参加技术培训		0.094	0.272	0.027**	0.445
逆米尔斯比率			0.407*	0.611		
Prob>chi2=0.0028						
Log Likelihood=–172.337						

注：*，**，***，分别表示变量在 10%、5% 和 1% 的统计水平上显著。

8.4.2　估计结果分析

（1）户主个人特征的影响

户主年龄对农户采用及连续采用病虫害综合防治技术有显著影响且系数为负，即在其他条件不变的情况下，年龄较大的农户采用及连续采用病虫害综合防治技术的可能性要小于年龄小的农户。样本农户统计分析结果也表明，农户年龄在 35 岁及以下、36 ∽ 45 岁、46 ∽ 55 岁、56 岁及以上的农户选择病虫害综合防治技术的比例分别为 85.16%、83.87% 和 76.92%、66.67%；连续采用该技术的比例分别为 86.96、70.51%、61.67% 和 42.31%。随户主年龄增加呈现下降趋势。这与前面的假设符合，即年龄大的户主更倾向于采用原有的生产模式，对新型农业技术接受意愿较低。

户主受教育程度对农户采用及连续采用病虫害综合防治技术均有显著

的正向影响，相对教育文化程度为小学及以下，具有初中、高中、大专以上学历的农户采用及连续采用病虫害综合防治技术的意愿越高。这是因为教育程度较高的农户视野较为开阔，对化学农药导致的环境污染、生态危害及对健康的影响也有更深刻的认识，因此更倾向于采用技术。值得注意的是，样本农户文化程度普遍较低，教育程度为小学及以下的户主占样本总量比例的45.99%，这可能成为阻碍病虫害综合防治技术推广的不利因素。

（2）农户生产特征的影响

柑橘种植面积对农户病虫害综合防治技术影响有显著的正向影响，即农户柑橘种植面积越大，选择采用该技术的可能性越大。可能的原因是，病虫害综合防治技术具有一定的规模效应,种植面积大的果园平均采用成本更低。

柑橘收入占家庭收入比重对农户采用及连续采用病虫害综合防治技术有显著的正向影响。表明家庭收入来源以柑橘产业为主的农户，采用及连续采用该技术的可能性要高于家庭收入来源以其他产业为主的农户。柑橘收入占家庭收入越高，表明农户更依赖于柑橘产业，对这些农户而言，采用病虫害综合防治技术可以有效减少化学农药的施用，生产出符合市场需求的绿色产品、有机产品，从而提高柑橘生产销售的附加值；同时，这些农户更重视柑橘产业的可持续发展，因而愿意尝试新型农业技术。

（3）农户社会网络特征的影响

农户户主政治地位对农户采用病虫害综合防治技术具有显著的正向影响，即户主为干部或党员的农户倾向于采用该技术。可能的原因是：第一，村干部或党员本身见多识广，相对普通农户而言能更好地理解病虫害综合防治技术对生态环境、人体健康及柑橘产业发展的重要性；第二，主管部门推广病虫害综合防控技术时，往往会先联系当地的村干部或党员，而且往往把村干部或党员作为技术推广示范户，客观上提高了村干部或党员采用该技术的可能性。

（4）农户认知特征的影响

病虫害综合防治技术有用性感知对农户采用该技术具有显著正向影响，即相对认为病虫害综合防治技术效果一般的农户，认为效果好和非常好的农户采用的概率更高。统计分析结果表明，认为病虫害综合防治技术效果好和非常好的农户采用该技术的比例分别为 89.36% 和 82.85%，而认为效果一般的农户采用该技术的比例只有 58.90%。在农户连续采用病虫害综合防治技术的回归结果中，相对于认为效果一般的农户，认为效果非常好的农户连续采用该技术的可能性更高。这表明病虫害综合防治技术在生产中的实际效果是影响农户采用及连续采用的重要因素，作为利益最大化的决策者，农户在决定是否采用和连续采用柑橘病虫害综合防治技术时，必然会把该技术与传统化学农药防治方法加以对比，只有当农户感知技术有用时才会决定采用及连续采用。

是否参加技术培训对农户连续采用病虫害综合防治技术有显著正向影响。相对传统的化学农药防控方法，该技术包括多项子技术，实际应用中涉及多个环节，操作较复杂，通过技术培训，农户可以获得更多的技术信息，了解技术操作要点，也更了解技术的成本、收益情况，从而会提高对该技术的连续采用程度。

8.5　本章小结

考虑到病虫害综合防治技术构成的复杂性和应用的繁琐性，研究影响农户采用尤其是采用后是否连续采用的影响因素，对进一步扩大该技术的推广面、巩固推广结果具有重要意义。本章基于实地调查数据，应用 Heckman 两阶段模型分析了影响农户采用及连续采用病虫害综合防治技术的关键因素，得出了以下主要研究结论：第一，农户采用病虫害综合防治技术的比例较高，但存在放弃使用的情况，具体而言采用过该技术的农户中有 34.59% 的农户没有继续采用该技术。第二，影响农户采用及连续采用病虫害综合防治技术的因素存在差异，影响因素有农户户主年龄、户主农受教育程度、柑橘种植面积、柑橘收入占家庭收入比重、农户户主政治地位、病虫害综合防治技术有用性感知；而影响农户连续采用的主要因素有农户户主年龄、户主受教育程度、柑橘收入占家庭收入比重、病虫害综合防治技术有用性感知、技术培训。

根据上述研究结论，要更好地推进病虫害综合防治技术，并巩固技术推广成果，可以考虑从以下几个方面入手：第一，病虫害综合防治技术推广要有一定的针对性，选择种植面积大、柑橘产业收入比重高的农户进行推广，可以有效提高推广效率。第二，提供各种形式的技术培训，帮助农户掌握病虫害综合防治技术实施的关键环节，以便他们更好地在生产中操作、实施，这对于巩固农业技术的推广成果具有重要意义。第三，加大病虫害综合防治技术的宣传力度，使农户更好地了解该技术对产品质量、生态环境、人体健康的益处，进而引导农户在柑橘生产中采用并连续采用该技术。

第 9 章　农户柑橘绿色管护技术效益分析

作为理性经济人的农户，在决定采用柑橘绿色管护技术时，一个重要的考虑依据是采用该技术能够获得利润或提高生产效率。如果一项技术不能给采用者带来足够的利润或生产效率的提高，即便采用它能带来一定的环境效益，提高整个社会的福利水平，农户可能也不会采用。农业技术能否得到大面积推广的关键就在于其能否给农户带来节本增产等经济效益。因此，科学准确评价柑橘绿色管护技术给农户带来的效益，能够为柑橘绿色管护技术的推广提供有力的政策支持和依据。

已有众多文献对农户采用农业技术的效益进行了实证分析。尤其是对农业技术在增产、增收等方面的贡献等方面得到很多成果。如 Mauceri 等人（2007）的研究证明病虫害综合防治技术有助于农户节约成本，增加收入。葛继红、周曙东（2012）对江苏省水稻种植农户的研究证明，农户采用测土配方可以显著提升水稻生产效率。赵连阁和蔡书凯（2013）的研究得出了相同的结论。总体来看，现有评估农户农业采用绩效的方法主要有两种：一是通过调查数据比较农户采用技术前后的生产绩效指标，主要是假定农户在采用农业技术前后其他因素不变，比较采用技术前后的生产成本及收益状况。但现实中决定农户生产绩效的因素是多元化的，农业技术只是其中的一种，很难保证技术采用前后其他因素是固定不变的。二是比较技术采用农户和没有采用技术的农户在生产绩效指标方面的差别。这种方法同样假定技术采用农户和未采用农户其他条件都是相同的，仅存在技术采用上的区别。但同样的，不同农户之间存在资源禀赋的差异，另一方面农户的生产绩效与农业技术采用本身存在相互作用，较高的生产效率本身也会提高农业技术的采用，而技术采用同样会提高生产效率。因此传统单纯比较生产效率指标的方法并不能有效测出柑橘绿色管护技术的生产效应。本章内容通过倾向得分匹配方法构造一个反事实情况来解决传统分析方法的不足，将农户采用柑橘绿色管护技术从其他影响农户收入、生产绩效的因素中分离出来，以考察柑橘绿色管护技术对柑橘生产的影响效应。

9.1 研究方法与指标说明

农户采用柑橘绿色管护技术对农业生产绩效的影响效应可以比较采用柑橘绿色管护技术的农户生产绩效与没有采用该技术的农户生产绩效的差距得出。

假设 Y_i^1 表示农户采用柑橘绿色管护技术的生产绩效状况，Y_i^0 表示没有采用柑橘绿色管护技术的农户的生产绩效状况。T_i 为虚拟变量，当农户采用柑橘绿色管护技术时，T_i=1，农户没有采用该技术时，T_i=0，此时柑橘绿色管护技术对农户柑橘生产的影响效应为：

$$ATT=E(Y_i^1|T=1)-E(Y_i^0|T=1)=E(Y_i^1-Y_i^0|T=l_i) \quad (9-1)$$

从式（9-1）可以看出，如果要计算柑橘绿色管护技术采用对农户生产绩效的影响，必须要首先估计出柑橘绿色管护技术采用农户没有采用该技术时的生产绩效，但实际情况下这种结果是无法测量的，农户或者选择采用技术，或者选择不采用，无法知道已经采用柑橘绿色管护技术的农户没有采用时会有什么样的结果。这种不能观测到的结果就是反事实结果。对于第 i 个农户，如果采用了柑橘绿色管护技术，其生产绩效为 Y_i^1，如果没有采用柑橘绿色管护技术，其生产绩效为 Y_i^0，定义两者之差为 ATD，则：

$$\begin{aligned}ATD&=E(Y_i^1|T=1)-E(Y_i^0|T=1)\\&=[E(Y_i^1|T=1)-E(Y_i^0|T=1)]+[E(Y_i^0|T=1)-E(Y_i^0|T=0)]\\&=ATT+E(Y_i^0|T=1)-E(Y_i^0|T=0) \quad (9-2)\end{aligned}$$

传统最小二乘法假定 ATT 和 ATD 相等，但只有当柑橘绿色管护技术采用的随机的或者调查数据完全来自于社会实践时该假定才成立。但实践中农户对柑橘绿色管护技术采用并不是随机的，农户对农业技术的采用是农户“自选择”的结果，是农户根据自身需求和自己的资源禀赋条件作出的决策。一般来说，种植规模较大的农户采用柑橘绿色管护技术的概率会更大，为了避免柑橘绿色管护技术采用效应时农户“自选择”所产生的因果干涉，本章在反事实分析框架下，利用倾向得分匹配法来模拟自然实验的状况，进而得到农户采用柑橘绿色管护技术对生产效应影响的一致估计。

Rosenbaum 和 Rubin（1983）把反事实框架下人们不能观察到的结果定义为反事实结果。如果采用柑橘绿色管护技术和未采用柑橘绿色管护技术的两组农户的差异能够被一组共同的影响因素解释，则可以分层配对这些共同影响因素，使每一层都有采用柑橘绿色管护技术的农户和没有采用柑橘绿色管护技术的农户，各层农户的区别在于是否采用柑橘绿色管护技术，这就可以构造出相同条件下柑橘绿色管护技术采用农户的一个反事实状态（即没有采用柑橘绿色管护技术）。再进一步观察各层中两种农户农业生产绩效的差异，根据各层所占比重，把各层的差异进行适当加权，就可以准确估计柑橘绿色管护技术采用对柑橘生产绩效的影响效应。在反事实分析框架下，柑橘绿色管护技术采用对柑橘生产绩效影响的平均效果（*ATT*）可以表示为：

$$
\begin{aligned}
ATT &= E(Y_i^1 | T=1) - E(Y_i^0 | T=0) \\
&= E(Y_i^1 - Y_i^0 | T=1) \\
&= E\{E[(Y_i^1 - Y_i^0 | T=1), P(X)]\} \\
&= E\{E[(Y_i^1 | T=1), P(X)] - E[(Y_i^0 | T=0), P(X)] \mid T_i=1\} \quad (9\text{-}3)
\end{aligned}
$$

式（9-3）中是一组不受农户柑橘绿色管护技术采用影响的观测变量，是农户采用柑橘绿色管护技术的概率，其取值范围为［0，1］，可以通过二元 Logit 或 Probit 模型进行估计，这个概率值 $P(X)$ 为单个农户个体倾向得分值。根据概率值，可以将样本农户进行分组，分别对每个分组的“处理组”和“对照组”进行平均倾向得分值差异比较，如果存在显著差异，则需要进一步分组、检验，直到各组无差异为止。进一步比较处理组和对照组中观测变量的均值，同样，若无差异则停止，否则需要重置解释变量之间的函数关系，重新检验上述步骤。

上述步骤在计算出倾向得分值后，仍然无法估计出柑橘绿色管护技术采用对柑橘生产绩效的平均效果（*ATT*）。因为是连续变量，现实中很难找出两个样本具有完全相同的倾向得分值，因此无法匹配处理组和对照组，最近邻匹配法、半径匹配法、核匹配法可以解决上述分析，为了验证研究结果的稳健性，本书拟采用以上 3 种方法进行估计。

9.2　数据来源及分析

9.2.1　数据来源

本章所用数据来自对赣南地区柑橘种植农户调查所得，共获得 237 份有效问卷。由于柑橘绿色管护技术为多项技术集成包，农户可能全部采用所有的子技术，也可能采用其中几项子技术，其中的病虫害管护技术又包括了多重技术，因此农户对柑橘绿色管护技术的采用具有多重选择组合，为便于分析，本章以农户对病虫害综合防治技术的采用为例，分析农户柑橘绿色管护技术的采用效应。由于要比较采用病虫害综合防治技术的农户与没有采用病虫害综合防治技术的农户在柑橘种植绩效上的差异，根据农户是否采用病虫害综合防治技术，把样本农户划分为“处理组”和“对照组”，处理组表示采用病虫害综合防治技术的农户，后者表示没有采用病虫害综合防治技术的农户。由于病虫害综合防治技术包括 4 项子技术，实践中农户采用病虫害综合防治技术的数量取值范围为（0 ，1，2，3，4），这里把采用子技术数量 1~4 项的农户都列入处理组，没有采用任何一项子技术的农户放入“对照组” 。其中处理组农户数量为 185 户，占比为 78.06%，对照组农户数量为 52 户，占比为 21.94%。

9.2.2　指标选取与统计分析

本研究从农户个体特征、农户生产特征、农户社会关系网络、技术推广力度等 4 个方面考察农户对病虫害综合防治技术的采用。

（1）农户个体特征

众多研究表明，农户个体特征是影响农户采用农业技术的关键影响因素之一（Devi 等，2014）。本章选取户主年龄、户主性别、受教育程度、农户风险类型、环保意识等 5 个变量。一般而言，户主年龄越大的农户从事柑橘生产的时间越长，其对病虫害的预防和管理也更清楚，对传统农药的施用量、施用间隔、施用时机都比较清楚，所以更加偏好传统的病虫害防治技术。女性户主在接受教育以及与外界交流等方面的机会要比男性户主少，因此她们在柑橘种植过程中对病虫害综合防治技术采用的意愿比较低。受教育程度高的户主对新知识和新技术的理解能力较强，而且其对病虫害综合防治技术的掌握能力和运用能力也较强，因此其采用病虫害综合防治技术的意愿会更高。农户的风险类型决定了农户在柑橘种植过程中对可能出现的风险的基本态度，病虫害综合防治技术固然有其优势，但作为一种新技术，存在一定的不确定性，风险厌恶型的农户由于承担风险能力较弱，可能不愿意采用病虫害综合防治技术，而风险追求型农户则恰好相反，可能具有较强的意愿采用病虫害综合防治技术。与传统的用农药来控制病虫害的方法相比，病虫害综合防治技术可以减少化学物质的使用，降低对生态环境的破坏，因此环保意识强的农户会更倾向于采用病虫害综合防治技术。

（2）农户生产特征

农户生产特征包括农户资源禀赋特征和农户家庭经济结构特征。其中，农户资源禀赋特征包括柑橘种植面积和家庭拥有的劳动力数量两个变量。农户家庭经济特征包括柑橘收入占收入比重和是否从事非农产业两个变量。

一般认为，农户对新技术的采用与其种植面积成正向关系，如林毅夫（1994）的研究发现，种植面积大的农户采用新技术获得的收益要比种植面积小的农户大，因此种植面积大的农户如果不采用新技术其机会成本较高。Lee 和 Stewart（2002）的研究发现，如果一项新技术前期投入较多，种植面积小的农户采用这项技术的意愿就会低。由于某些病虫害综合防治技术具有较高的前期投入和规模效应，在面积较小的果园上采用并不经济，例如杀虫灯单位价格较高，种植规模较小的农户采用并不划算，柑橘种植面积大的农户比规模小的农户有更强的意愿采用病虫害综合防治技术。另外，病虫害综合防治技术往往需要一定的学习成本，如果种植面积小，农户即使掌握了这项技术，其使用范围有限，这也会制约农户对该项技术的采用意愿。劳动力数量也是影响农户采用病虫害综合防治技术的重要因素，缺乏足够的劳动力会在一定程度上影响农户对该技术的采用。如果农户非农收入占比较高，说明农户对柑橘产业依赖性较低，农户对柑橘产业投入的资源就会相应减少，其采用病虫害综合防治技术的意愿就会较低。另外，如果农户非农收入占比高，也会影响农户对不同性质的农业技术的采用选择，随着农户把更多的劳动力投入非农产业，劳动力的稀缺使得农户更愿意采用劳动节约型技术，而病虫害综合防治技术往往需要农户投入较多的时间来学习和运用，这必然会影响其采用意愿。农户是否从事非农产业也反映了农户对柑橘产业的依赖性，由于农业产业相对于其他产业比较收益低，如果农户有其他兼业行为，必然会影响其对柑橘产业的资源投入，降低其对病虫害综合防治技术的采用。

（3）农户社会关系网络特征

社会关系网络实质上是一种社会资本，反映了农户拥有的社会关系网络以及通过社会网络获取社会资源的能力。Besley 和 Case（1993）的研究证明，社会网络可以使得农户之间相互交流技术信息，能有效降低农户技术采用过程中面临的不确定性。Bandiera 和 Rasul（2006）研究发现，社会网络可以增进技术知识积累，提高农户之间信息技术的传递效率。在我国农村，干部或党员身份是衡量个人社会关系网络的重要指标（Zhang 和 Li，2003），具有干部或党员身份的户主，通常具有较丰富的社会阅历和知识储备，接受新事物的能力较强，此外，农业技术推广机构在推广新技术时往往先把村干部或党员作为示范户，因此具有干部或党员身份的农户采用病虫害综合防治技术的意愿较高。而合作社目前已经成为农户之间交流信息的主要平台，由于新农业技术采用存在一定的不确定性，在技术采用早期，往往是少部分农户愿意承担风险进行采用，这些农户取得成果后，通过口头传播、示范，会带动亲朋好友、左邻右舍学习并接受农业技术，而合作社可以给其成员提供一个信息的交流、传播的渠道（蔡荣、韩洪云，2012），对农业技术的扩散和提高农业技术采用率具有重要作用。新技术采用需要足够的资金支撑，在农户自有资金无法满足的条件下，农户需要通过其他渠道获得资金来支持，否则，即使该农户有意愿采用病虫害综合防治技术，也会因为资金的短缺无法真正实施。农户是否有信贷渠道（包括正规金融渠道和非金融渠道）可以反映农户的社会关系状况，拥有信贷渠道的农户可以较容易地克服资金约束，采用更多的农业技术。

（4）农户信息认知特征

病虫害综合防治技术主要目的在于减少化肥、化学农药的施用，降低对生态环境的破坏程度，因此，环保意识强的农户对农业生态环境越关心，对于采用病虫害综合防治技术的优点认识越深刻，就越愿意采用该技术。参加过病虫害综合技术培训的农户，对该技术的优点及该技术能够带来的好处认识得更清楚，采用该技术的意愿会更高。Mcnamara 等（1991）的研究表明，技术培训对农户采用病虫害综合防治技术具有正向影响，接受过培训的农户对技术的理解更深刻，而且培训可以降低农户获取技术信息的成本，也提高了农户的采用意愿。

各变量定义及赋值如表 9-1 所示。

表 9-1　变量定义及赋值

变量名称		测量及赋值	均值	标准差	预期方向
病虫害综合防治技术采用状况		采用 =1；未采用 =0	0.74	0.84	
农户户主特征	户主性别	男性户主 =1；女性户主 =0	0.90	0.30	+
	户主年龄	户主的实际年龄（岁）	45.34	8.48	–
	户主受教育程度	小学及以下 =1；初中 =2；高中 =3；高中以上 =4	2.12	1.00	+
	种植年数	柑橘实际种植年数（年）	13.63	6.04	?
农户生产特征	柑橘种植面积	柑橘实际种植面积（亩）	25.83	14.96	+
	家庭人口数量	家庭实际人口数量（人）	5.02	1.43	+
	柑橘收入占家庭收入比重	柑橘收入占家庭收入比重	74.79%	22.90%	+
	是否兼业	是 =1；无 =0	0.48	0.50	–
农户社会关系网络特征	农户户主政治地位	户主为党员或村干部 =1；否则 =0	0.07	0.26	+
	是否参加农业专业合作社	参加 =1，否 =0	0.62	0.49	+
	农户是否有信贷渠道	有 =1；否 =0	0.66	0.47	+
农户信息认知特征	农户对环境生态关注程度	不太关注 =1；一般 =2；比较关注 =3	1.9409	0.83	+
	是否参加绿色柑橘管护技术培训	参加过 =1，未参加过 =0	0.79	0.40	+

9.3 病虫害综合防治技术对柑橘生产绩效的影响

9.3.1 倾向得分计算

病虫害综合防治技术倾向匹配得分是指在一组反映农户特征的既定协变量下，农户个体进入处理组的概率。要得到这一概率，可以首先利用 Logit 回归模型拟合农户采用病虫害综合防治技术的概率。模型回归中通过逐一引入潜变量，最终选取了户主年龄、受教育程度、柑橘种植面积、是否兼业、农户户主政治地位、是否参加合作社、是否参加技术培训等 7 个变量用于计算倾向得分。计算结果见表 9-2。

表 9-2 Logit 模型倾向得分

指标	系数	标准误
户主年龄	-0.138*	0.134
户主受教育程度	0.354**	0.212
柑橘种植面积	0.271**	0.183
是否兼业	-0.439*	0.218
农户户主政治地位	0.175*	0.101
是否参加农业专业合作社	0.194**	0.126
是否参加绿色柑橘管护技术培训	0.583*	0.159
系数	-2.698***	0.568
检验指标	Log likelihood=-89.563	
	LR chi2=114.27	
	Prob>chi2=0.000	
	Pseudo R^2=0.412	

Logit 模型估算的 Pseudo R^2 值为 0.412，Prob > chi2=0.000，这表明模型中所选取变量对因变量具有一定的解释力。所选取变量中，户主年龄、是否兼业两个变量系数为负，说明户主年龄大、从事非农产业会降低其采用柑橘绿色管护技术的可能性。户主受教育程度、柑橘种植面积、农户户主政治地位、是否参加农业专业合作社、是否参加绿色柑橘管护技术培训的系数为正，表明这 5 个变量对农户采用柑橘绿色管护技术具有正向影响。

9.3.2　倾向得分匹配分析

得到倾向得分之后，采用最邻近配比法进行倾向得分匹配，匹配结果如表 9–3 所示。估计结果表明，在控制了样本选择性偏误之后，柑橘绿色管护技术对柑橘生产绩效的影响并不显著。

表 9–3　柑橘绿色管护技术采用的 PSM 估计结果

技术	处理效应	处理组	对照组	*ATT*	*T* 值
柑橘绿色管护技术	匹配前	0.378	0.319	0.039	1.019
	匹配后	0.378	0.301	0.047	0.901

就柑橘绿色管护技术绩效而言，匹配前处理组和对照组的平均生产绩效分别为 0.378 和 0.319，虽然相对没有采用柑橘绿色管护技术的农户，采用柑橘绿色管护技术的农户生产绩效要高一些，但这种差异并不显著。匹配后处理组和对照组的平均生产绩效分别为 0.378 和 0.301，采用柑橘绿色管护技术的生产绩效仍然较高，但与没有采用该技术的农户相比差异仍然不显著。这表明，采用柑橘绿色管护技术确实可以在一定程度上提高农户的生产绩效，可能的原因有：一是采用柑橘绿色管护技术进行生产，柑橘销售价格要高于一般技术生产的销售价格，因为该技术可以有效降低农药残留，对消费者吸引力更大；二是柑橘绿色管护技术可以减少化学农药的施用，进而减少了劳动投入，这可以有效降低生产成本。

为了检验匹配结果的稳健性，进一步采用半径匹配法与核匹配法检验柑橘绿色管护技术对农户柑橘生产绩效的影响。检验结果列于表 9–4。

表 9–4　其他方法匹配后的检验结果

技术	处理效应	处理组	对照组	*ATT*	*T* 值
柑橘绿色管护技术	半径匹配法	0.381	0.359	0.022	1.012
	核匹配法	0.388	0.364	0.024	0.951

表 9–4 的检验结果表明，半径匹配法与核匹配法估计的结果与最邻近

匹配法得出的结果是一致的，在控制了样本选择性偏误之后，采用柑橘绿色管护技术对柑橘生产绩效有正向影响，但并不显著。虽然理论上来讲，柑橘绿色管护技术通过生物防控与物理防控相结合，可以节约农药化肥的投入，并节约农户劳动投入，从而降低生产成本，起到提高产品质量、增加农户收入的目的。但上述研究结果表明，柑橘绿色管护技术虽然能正向影响农户生产绩效，却并不显著，因此，怎样更好地发挥柑橘绿色管护技术对生产绩效的提升作用，是推动柑橘绿色管护技术普及的关键所在。

9.4　本章小结

本章利用江西省赣州市农户调研数据，利用倾向得分匹配法考察了柑橘绿色管护技术对柑橘生产绩效的影响，主要结论如下。

① 通过对农户采用柑橘绿色管护技术影响因素的分析，证明了农户年龄越小、受教育程度越高、柑橘种植面积越大、不存在兼业行为、担任村干部或者是党员、参加专业合作社、参加过柑橘绿色管护技术培训等因素，对采用柑橘绿色管护技术有正向影响。

② 运用最邻近匹配法计算了柑橘绿色管护技术采用对农户生产绩效的影响效应，结果表明，柑橘绿色管护技术对农户生产绩效有正向影响，但这种影响并不显著。同时运用半径匹配法和核匹配法进行稳健性检验，结果显示，采用不同的测算方法结果存在一定差异，但影响方向和趋势是一致的，即柑橘绿色管护技术对农户柑橘生产具有正向影响，但影响没有通过统计上的显著性检验。

第 10 章　研究结论及政策建议

农户作为农业技术的需求者和使用者，其对农业技术的采用是一个涵盖了技术认知、技术采用、技术效果评价、技术连续采用的多阶段、连续性的决策过程。本研究在构建柑橘种植农户农业技术采用理论分析框架的基础上，基于江西省赣州市柑橘种植农户的实际调研数据，利用计量模型分析了农户柑橘绿色管护技术采用决策及其影响因素。本章给出本研究的主要结论及政策建议。

10.1　主要研究结论

第一，对农户柑橘绿色管护技术采用行为经济机理的分析表明，农户从生态环境中获得的效用与从购买商品中获得的效用存在替代关系，农户如果更加重视通过购买商品获得的效用，可能会忽视生态环境的保护，采用柑橘绿色管护技术的意愿会降低。通过对农户柑橘绿色管护技术采用的博弈分析可以看出，在不完全市场上，农户与消费者、农户与农户之间的博弈结果都是农户不会采用柑橘绿色管护技术。而农户与主管部门的博弈结果证明，主管部门的处罚力度和监管成本是影响农户采用柑橘绿色管护技术的重要因素。

第二，整体来看，农户对柑橘绿色管护技术认知程度较高，但不同禀赋的农户在柑橘绿色管护技术认知上存在着明显的差异。受教育程度高、年轻、种植面积大的农户对柑橘绿色管护技术的认知显著高于其他农户。农户受教育程度、是否担任村干部、种植面积、是否加入合作社、是否参加过柑橘绿色管护技术宣传与培训等变量对农户柑橘绿色管护技术认知有显著的正向影响。农户年龄、农户对食品安全的评价两个变量对农户柑橘绿色管护技术认知有显著负向影响。

第三，分析了农户柑橘绿色管护技术采用强度及影响因素。研究表明：年龄越大的农户采用该技术的积极性越低；而受教育程度越高的农户采用该技术的可能性越大；柑橘种植经验也会提高农户采用该技术的积极性。种植面积越大的农户越愿意采用更多的柑橘绿色管护技术；而柑橘收入占家庭收入的比重对农户采用该技术也有正向影响。拥有信贷渠道的农户倾向于采用更多的柑橘绿色管护技术。农户信息认知特征会影响到农户采用柑橘绿色管护技术。

第四，对农户病虫害综合防治技术采用行为的分析表明：农户采用物理防控技术与生物防控技术存在互补效应；在农户采用物理防控技术方面，户主年龄对其有负向影响，而户主受教育程度、柑橘收入占家庭收入比例、兼业、参加技术培训、化学农药过量施用危害认知程度及柑橘绿色管护技术有用性认知对其有正向影响。在农户采用生物防控技术方面，户主年龄、兼业对其有负向影响；受教育程度、参加技术培训、化学农药过量施用危害认知、柑橘绿色管护技术有用性认知对其有正向影响。

第五，分析了影响农户采用及连续采用病虫害综合防治技术的关键因素，研究发现，农户采用病虫害综合防治技术的比例较高，但存在放弃使用的情况，具体而言采用过该技术的农户中有34.59%没有继续采用该技术。影响农户采用及连续采用病虫害综合防治技术的因素存在差异，影响农户采用的因素有农户户主年龄、户主受教育程度、柑橘种植面积、柑橘收入占家庭收入比重、农户户主政治地位、病虫害综合防治技术有用性感知；而影响农户连续采用的主要因素有农户户主年龄、户主受教育程度、柑橘收入占家庭收入比重、病虫害综合防治技术有用性感知、技术培训。

第六，运用最邻近匹配法计算了柑橘绿色管护技术采用对农户生产绩效的影响效应，结果表明柑橘绿色管护技术对农户生产绩效有正向影响，但这种影响并不显著。同时运用半径匹配法和核匹配法进行稳健性检验，结果显示，采用不同的测算方法结果存在一定差异，但影响方向和趋势是一致的，即柑橘绿色管护技术对农户柑橘生产具有正向影响，但影响没有通过统计上的显著性检验。

10.2　政策建议

基于以上研究结论，本书提出以下政策建议。

10.2.1　加强生态环境保护宣传，强化农户生态环保意识

加强生态环境保护宣传，强化农户生态环保意识是促进农户采用柑橘绿色管护技术的重要手段。可以采用多种宣传方式形成立体式宣传网络，广泛运用电视、广播、网络、报纸、板报等多种宣传手段开展环境保护知识教育，贯彻中央提出的可持续发展战略。针对柑橘种植主体之一的小规

模农户，要考虑其需求特点以及知识文化水平有限等现实状况，有针对性地采取定期、现场宣传等方式，加深其对柑橘绿色管护技术生态环保重要性的认知，从而促进其采用柑橘绿色管护技术。

10.2.2 优化农业生产组织结构，引导农业规模化经营

目前中小规模农户仍然是柑橘种植产业的主体，但研究中发现，中小种植规模不利于农户柑橘绿色管护技术的推广和采用，柑橘绿色管护技术具有规模效应，政府创新土地承包经营方式，要引导、促进柑橘种植向规模化和专业化转变，以充分发挥土地经营的规模效益。一方面可以通过创新土地流转机制引导土地流转，推动柑橘生产向规模化、集约化经营方式转变，引导果园向种植大户和家庭农场等新型经营主体集中；二是可以在制度上对规模化经营进行扶持，加大对规模经营主体的支持力度，例如可以把扶持资金与种植规模或产量挂钩，对土地流转或互换的农户给予补贴和奖励，激励规模化经营。

10.2.3 完善农业技术社会化服务体系，促进柑橘绿色管护技术推广

目前农业技术推广仍然以农技推广部门为主，政府推广部门在促进农业技术推广方面仍发挥着主导作用。因此，进一步完善和强化农技推广服务体系建设，对于提高农业技术推广效率有着重要意义。对于农技服务体系的完善，一是要加强人才队伍的建设，壮大服务队伍的同时提高服务人员的专业素质；二是建立科学合理的推广绩效考核机制，激励推广服务人员的工作积极性，抬大推广服务的覆盖率。除了农技推广部门，还要鼓励企业、高等院校、科研院所等技术研发机构积极参与农业技术的研发与推广工作，形成立

体化、多维度的农业技术推广服务体系，满足农户对农业技术的需求。

10.2.4　提升农户文化程度，加强农业技术培训

农户是农业技术采用的主体，农业技术是否被农户接受，农户采用了农业技术是否可以在实践中顺利实施，转化为生产力，是影响农业技术推广效果的关键所在。农户的受教育程度和自身素质直接影响到农户对农业技术的理解和采用效果。本研究的实证分析证明，农户的受教育程度对农户关于技术的认知、采用强度、是否连续采用等都有显著影响。因此提升农户的素质，增强其获取信息的能力，扩大其视野，提升其对农业技术的理解以及在生产过程中的运用能力是非常重要的。

Baidu Forson（1999）指出，农业技术教育培训是农业推广最常见的方法和途径。由于农民技术培训是公共产品，推广经费都是由政府承担，作为技术培训的供给主体，政府及主管部门是通过自上而下的方式传达政府意志。政府主管部门、农业科研院所、农技推广机构实际上决定了农户“学什么”和“怎么学”，对农户是否需要农业技术以及是否有能力掌握这些农业技术考虑不多。因此，在这种农业技术推广体制下，农户是被动的。为了扭转这一局面，政府主管部门应该加大对农户的继续教育培训力度，采用网络教育、广播电视教育、技术培训班等多种方式，拓展农户接受教育的渠道，提升农户文化水平和科技素质，培养农户对农业技术的学习和创新意识，发挥教育的引领作用。

10.2.5　加强政府扶持力度，创造农业技术采用环境

对于采用柑橘绿色管护技术的农户，政府应当提供一定的资金补贴和

政策支持。根据农户采用柑橘绿色管护技术的博弈分析可知，在正常情况下，农户采用柑橘绿色管护技术并不是最优策略。因此要促进该技术的推广，政府应当在技术采用各个环节提供扶持。政府可以根据柑橘绿色管护技术的采用特点针对农户给予相应的补贴，例如对于水肥一体化技术、病虫害综合防治技术的采用，可以针对技术采用初期的一些较大额度的投资提供低息贷款、贴息贷款等措施加以激励。对于合理密植、简约整形剪枝、投放生物捕食螨等技术，政府及主管部门应当在使用中及时提供信息咨询、免费技术指导、解答疑难问题等服务，以便农户高效地采用柑橘绿色管护技术。

10.3 研究展望

本研究对赣州市柑橘种植农户农业技术采用行为进行了分析，得出了一系列研究结论并给出了相关政策建议，但受时间和能力所限，本研究仍存在一些不足，有待以后研究中进一步完善。

一是更加重视样本选择和代表性问题。本研究样本选择来自于江西省赣州市。赣州市是中国最主要的柑橘产区，农业技术推广情况较好，选择在该地区调查农业技术采用状况，相对减少了实地调研和数据收集的难度和压力。但除了赣州之外，中国还有诸多柑橘主产区，如湖北秭归、重庆三峡库区等。要使得研究结果具有一般性和普遍性，理论上应当扩大调研区域，增加样本选择量，而且选取不同主产区的农户对其技术采用行为进行对比研究，可以根据各地实际情况给出更具针对性的政策建议。另外本研究对农户关于柑橘绿色管护技术的采用划分了不同采用阶段，但在研究的时候，所采用数据主要是截面数据和历史数据，并且历史数据主要是依靠农户回忆所得，缺乏对农户长期追踪数据，对农业技术是如何在不同农户、不同区域之间扩散的，扩散规律是怎样的等问题没有深入进行研究。今后的研究中可以考虑通过建立长期固定观测点的方式，对农户进行长期追踪调研，从而形成更为完善的农户技术采用数据库，动态地研究农户技术采用行为以及农业技术的扩散规律。

二是研究框架的完善和研究方法的规范性。农户对农业技术的采用是一个复杂的问题，社会因素、经济因素、自然条件等都会对农户的决策行为产生影响。本研究主要从农户自身特征、家庭资源禀赋特征、外部特征考察了农户农业技术采用不同阶段的决策行为，一些因素的选择可能存在疏漏，有待进一步完善。例如，社会网络、社会资本等概念和因素已经开始被引入到农户行为决策研究当中，本研究虽然也在农户农业技术采用强度一章中引入社会网络这一变量，但总体来看，变量选择还是比较单一的，对于社会网络结构的研究还很不足，相对于社会学中的社会网络分析方法，本研究的结论可能存在一定局限。

此外，在实证研究中，由于受到样本数据限制，对于研究结果的稳健性检验做得还比较少，这也是以后需要改进的地方。

参考文献

[1] ABATE G T,RASHID S,BORZAGA C,et al. Rural finance and agricultural technology adoption in Ethiopia: does the institutional design of lending organizations matter? [J] .World development, 2016, 84: 235–253.

[2] ABDULAI, AWUDU, HUFFINAN, et al. The diffusion of new agricultural technologies: the case of crossbred–cow technology in Tanzania [J] . American journal of agricultural economics, 2005 (8) : 645–659.

[3] AJZEN I. The theory of planned behavior [J] . Organizational behavior and human decision processes, 1991, 50 (2) :179–211.

[4] BANDIERA O, BARANKAY I, RASUL I. Social preferences and the response to incentives: evidence from personnel data [J] . The quarterly journal of economics, 2005, 120 (3) : 917–962.

[5] BASS F M . A new product growth for model consumer durables [J] . Management ence, 1969, 15 (5) :215–227.

[6] BECKER G S, PHILIPSON T J, SOARES R R. The quantity and quality of

life and the evolution of world inequality [J] . American economic review, 2005, 95 (1) : 277–291.

[7] BESLEY T, CASE A. Modeling technology adoption in developing countries [J] . The American economic review, 1993, 83 (2) : 396–402.

[8] BINSWANGER H R. Attitudes toward risk experimental measurement in rural India [J]. American journal of agricultural economics, 1980, 62 (1): 395–407.

[9] BONABANA W J. Assessing factors affecting adoption of agricultural technologies: the case of integrated pest management (IPM) in Kumi district, Eastern Uganda [R] . Virginia polytechnic institute and state university, 2002.

[10] BOSCH DJ. Explication of risk preferences for irritation farmers in the winter ton area: wealth risk versus annual income risk / Meting van die risiko–voorkeure van besproeiingsboere in die Wintertongebied: inkomste–versus welvaartrkiko [J] . Agrekon, 1994, 33: 1–7.

[11] BOUCHER S R, GUIRKINGER C. Risk rationing and wealth effects in credit markets: theory and implications for agricultural development [J] . American journal of agricultural economics , 2008, 90: 409–423.

[12] BRENNAN D. Policy interventions to promote the adoption of water saving sprinkler systems: the case of lettuce on the Gnangara Mound [J] . Australian journal of agricultural and resource economics, 2007, 51 (3) : 323–341.

[13] BRPCKE K V, TROUCHE G, WELTZIEN E, et al. Participatory variety

development for sorghum in Burkina Faso: Farmers' selection and farmers' criteria [J] . Field crops research, 2010, 119 (1) : 183–194.

[14] BULTENA G L, HOIBERG E O. Factors affecting farmers' adoption of conservation tillage [J] . Journal of soil & water conservation, 1983, 38: 281–284.

[15] CARTER M R, CHENG L, SARRIS A. Where and how index insurance can boost the adoption of improved agricultural technologies [J] . Journal of development economics, 2016, 118: 59–71.

[16] CHAYANOV A V. 农民经济组织 [M] . 萧正洪，译 . 北京：中央编译出版社，1996.

[17] CHEN L, HEERINK N, VAN DEN BERG M. Energy consumption in rural China: a household model for three villages in Jiangxi province [J] . Ecological economics, 2006, 58 (2) : 407–420.

[18] COCHRANE W W. Farm prices; myth and reality [M] . Minneapolis: University of Minnesota Press, 1958.

[19] CONLEY T G, UDRY C R. Learning about a new technology: pineapple in Ghana [J] . American economic review, 2010, 100 (1) : 35–69.

[20] CROPPENSTEDT A, DEMEKE M, MESCH L. Technology adoption in the presence of constraints: the case of fertilizer demand in Ethiopia [J] . Review development economy, 2003, 7 (1) : 58–70.

[21] D. KNOWLER, BEN BRADSHAW. Farmers' adoption of conservation agriculture: a review and synthesis of recent research [J] . Food policy, 2007, 32 (1) :25–48.

[22] DABERKOW S G. MCBRIDE W D. Farm and operator characteristics affecting the awareness and adoption of precision agriculture technologies in the US [J]. Precision agriculture, 2003, 4 (2) :163–177.

[23] DAKU B L F, HAWKINS W, PRUGGER A F. Channel measurements in mine tunnels [J]. IEEE vehicular technology conference, 2002 (1): 380–383.

[24] DAVIS F D, BAGOZZI R P, WARSHAW P R. User acceptance of computer technology: a comparison of two theoretical models [J]. Management science, 1989, 35 (8) : 982–1003.

[25] DOSS C R. Designing agricultural technology for African women farmers: lessons from 25 years of experience [J]. World development, 2001, 29 (12) :2075–2092.

[26] DUBEY P, KUMAR A. Green technologies for sustainable agriculture [M]. New Delhi: Daya Publishing House, 2006.

[27] ERVIN C A, ERVIN D E. Factors affecting the use of soil conservation practices: hypotheses, evidence, and policy implications [J]. Land economics, 1982, 58 (3) : 277–292.

[28] ESCALADA M M, HEONG K L. Communication and implementation of change in crop protection [M]. John Wiley and Sons Ltd, 2007:191–207.

[29] FEDER G, Just R E, ZILBERMAN D. Adoption of agricultural innovations in developing countries; a survey [J]. Economic development and cultural change, 1985, 33 (2) : 255–298.

[30] FERNANDEZ J, HUANG W. The adoption of IPM techniques by vegetable

growers in Florida Michigan and Texas [J] . Journal of agricultural and applied economics, 1994, 26 (1) :25–36.

[31] FOSTER A D, ROSENZWEIG M R. Learning by doing and learning from others: human capital and technical change in agriculture [J] . Journal of political economy, 1995, 103 (6) : 1176–1209.

[32] FRANCISCO A F, MIGUEL M D, BURTON M. Duration analysis of adoption of drip irrigation technology in Southeastern Spain [J] . Technological forecasting & social change, 2011, 78:991–1001.

[33] GENIUS M, KOUNDOURI P, NAUGES C, et al. Information transmission in irrigation technology adoption and diffusion: social learning, extension services, and spatial effects [J] . American journal of agricultural economics, 2013, 6 (1) : 328~344.

[34] GHADIYALI T R, KAYASTH M M. Contribution of green technology in sustainable development of agriculture sector [J] . Journal of environmental research & development, 2012 (7) :590–596.

[35] GOYAL M, NETESSINE M. Strategic technology choice and capacity investment under demand uncertainty [J] . Management science, 2007, 53 (2) : 192–207.

[36] GREENE C R, RAJOTTE E G, NORTON G W, et al. Revenue and risk analysis of soybean pest management options in Virginia [J] . Journal of economic entomology, 1985, 78: 10–18.

[37] GRIESHOP J L, ZALOM F G, MIYAO G. Adoption and diffusion of integrated pes management innovations in agriculture [J] . Bulletin of the

ESA, 1988（34）: 72–79.

[38] GRILICHES Z. Hybrid corn: An exploration in the economics of technological change [J] . Journal of the econometric society, 1957:501–522.

[39] HAYAMI Y, RUTTAN V W. Agriculture development: an international perspective [M] . Baltimore: The Johns Hopkins University Press, 1985.

[40] HUANG Y, GAO L, JIN Z, et al. A software package for optimizing rice production management based on growth simulation and feedback control [J] . Agricultural systems, 1996, 50（4）: 335–354.

[41] ISHAM J. The effect of social capital on fertilizer adoption: evidence from rural Tanzania [J] . Journal of African economies, 2002, 11（1）: 39–60.

[42] JEREMY D, FOLTZ. The economics of water-conserving technology adoption in Tunisia: an empirical estimation of farmer technology choice[J]. Economic development and cultural change, 2003, 51（2）: 359–373.

[43] JUST E, ZILBERMAN D. Stochastic structure, farm size and technology adoption in developing agriculture[J]. Oxford economic papers, 1983(35): 307–328.

[44] KANUNGA, NASSUL S, DUBOIS T, et al. Impact of tissue culture banana technology on farm household income and food security in Kenya [J] . Food policy, 2014, 45:25–34.

[45] KALIBA A, FEATHERSTONE A M, NORMAN D W. A stall-feeding management for improved cattle in semiarid central Tanzania: factors

influencing adoption [J] . Elsevier science publishers, 1997, 17 (23) : 133–146.

[46] KARHANGA M, KIPTOT E, KUGONZA J, et al. The effectiveness of the volunteer farmer–trainer approach in feed technology dissemination in the East African dairy development project in Uganda [R] . East African dairy development project working paper, 2013.

[47] KENNETH W P, ASHOK K M, SACHIN C, et al. Intensity of precision agriculture technology adoption by cotton producers [J] . Agricultural and resource economics review, 2011, 40 (1) :133–144.

[48] KHANNA M. Sequential adoption of site–specific technologies and its implications for nitrogen productivity: a double selectivity model [J] . American journal of agricultural economics, 2001, 83 (1) : 35–51.

[49] KINGSBURY L, WILLIAM B. An economic analysis of riparian landowners' willingness to participate in Oregon’ s conservation reserve enhancement program [C] . American agricultural economics association annual meeting, 1999.

[50] KLONGLAN G E, COWARD E W. Concept of symbolic adoption: a suggested interpretation [J] . Rural sociology, 1970, 35 (1) : 77–83.

[51] KNOWLER D, BRADSHAW B. Farmers’ adoption of conservation agriculture: a review and synthesis of recent research [J] . Food policy, 2007, 32 (1) : 25–48.

[52] LEATHERS H D, SMALE M. A Bayesian approach to explaining sequential adoption of components of a technological package [J] .

Journal agricultural economics, 1991（8）: 734–742.

[53] LEE L K, STEWART W H. Land ownership and the Adoption of minimum tillage [J] . American journal of agricultural economics, 1993, 75: 256–26.

[54] LINDNER, ROBERT K, FISCHER A J, et al. The time to adoption [J] . Economic letters, 1979, 2（2）:187–190.

[55] MAHMUD Y, GUNNAR K. Market imperfections and farm technology adoption decisions: a case study from the highlands of Ethiopia [R] . Working papers in economics 403, Goteborg University, Department of Economics, 2009.

[56] MANSFIELD E. Size of firm, market structure and innovation [J] . Journal of political economy, 1963, 71（6）: 556–576.

[57] MARENYA P P, BARRETT C B. Household–level determinants of adoption of improved natural resources management practices among small holders farmers in western Kenya [J] .Food policy, 2007, 32:515–536.

[58] MCLEAN M, PATRICIA E, JIANGUO H, et al. An empirical analysis of Louisiana small farmers' involvement in the CRP [J] . Journal agricultural and applied economics, 1994, 26（12）: 379–385.

[59] MCNAMARA J A, KRAMER K L, JUENKER J P. Invisible retainers [J] . Journal of clinical orthodontics, 1985, 19（8）:570–578.

[60] MCNAMARA K T, WETZSTEIN M E. Factors affecting peanut producer adoption of integrated pest management [J] . Review of agricultural economics, 1991（13）: 129–139.

[61] MISHRA A K, PARK T A. An empirical analysis of internet use by U.S. farmers [J] . Agricultural and resource economics review, 2005, 34 (2) :253–264.

[62] MOHAPATRA R. Farmers' education and profit efficiency in sugarcane production: a stochastic frontier profit function approach [J] . IUP journal of agricultural economics, 2011, 8 (2) : 18.

[63] NYANKANGA R O, WIEN H C, OLANYA O M, et al. Fanners cultural practices and management of potato late blight in Kenya Highlands: implications for development of integrated disease management [J] . International journal of pest management, 2004, 50 (2) :10–19.

[64] O'MARA, GERALD T. A decision theoretic view of the microeconomics of technique diffusion in developing country [D] . Stanford University, 1971.

[65] PITT M M, SUMODININGRAT G R. Schooling and the choice of seed technology in developing countries: a meta–profit function approach [J] . International economic review, 1991, 32 (2) : 457–473.

[66] POPKIN S. The rational peasant. The political economy of rural society in Vietnam [J] . Pacific affairs, 1981.

[67] RAMIREZ S, DWIVEDI P, GHILARDI A, et al. Diffusion of non–traditional cook stoves across western Honduras: a social network analysis [J] . Energy policy, 2014, 66: 379–389.

[68] ROGERS. Diffusion of innovations [M] . New York: Free Press of Glencoe, 1962.

[69] ROSENBAUM P R, RUBIN D B. Assessing sensitivity to an unobserved binary covariate in an observational study with binary outcome [J] . Journal of the royal statistical society, 1986, 45 (2) : 212–218.

[70] SCHREINEMACHERSA P, THOMAS B, AUNE J B. Simulating soil fertility and poverty dynamics in uganda: a bio–economic multi–agent systems approach [J] . Ecological economics, 2007, 64 (2) : 387–401.

[71] SCHULTZ W T. 改造传统农业 [M] . 梁小民，译 . 北京：商务印书馆，1999.

[72] SHEIKH T, REHMAN C M, YATES A D. Logit models for identifying the factors that influence the uptake of new "no–tillage" technologies by farmers in the rice–wheat and the cotton–wheat farming systems of pakistan's punjab A.D [J] . Agricultural systems, 2003, 75:79–95.

[73] SHENNAN C, CECCHETTINI C L , GOLDMAN G B, et al. Profiles of California farmers by degree of IPM use as indicated by self–descriptions in a phone survey [J] . Agriculture, ecosystems and environment, 2001, 84 (3) : 267–275.

[74] SHERLUND S M, BARRETT C B. Smallholder technical efficiency controlling for environmental production conditions [J] .Journal of development economics, 2002, 69 (1) :85–101.

[75] SIMON H. 管理行为 [M] .4 版 . 詹正茂，译 . 北京：机械工业出版社，2004.

[76] SPENCE K W. Behavior theory and conditioning [M] . New Haven: Yale University Press, 1956.

[77] STONEMAN P. Innovation diffusion Bayesian learning and probability[J]. Economic journal, 1981, 91（1）: 375–388.

[78] STRAUSS J, BARBOSA M, TEIXEIRA S, et al. Role of education and extension in the adoption of technology: a study of upland rice and farmers in Central–West Brazil [J]. Agricultural economics, 1991（5）: 341–359.

[79] MENDOLA. Agricultural technology adoption and poverty reduction: a propensity–score matching analysis for rural Bangladesh [J]. Food policy, 2003, 32（3）:372–393.

[80] THANGATA P H, ALAVALAPATI J R R. Agroforestry adoption in southern Malawi: the case of mixed intercropping of Gliricidia septum and maize [J]. Agricultural systems, 2003, 78（1）: 57–71.

[81] WALLER B E, HOY C W, HENDERSON J L, et al. Matching innovations with potential users, a case study of potato IPM practices [J]. Agriculture ecosystems & environment, 1998, 70（2–3）: 203–215.

[82] WATTS D J, STROGATZ S H. Collective dynamics of small–world networks [J]. Nature, 1998, 393（4）: 440–442.

[83] WOZNIAK, GREGORY P, HUMAN C. Information and the early adoption of new technology [J]. Journal of hunan resources, 1987（22）: 101–112.

[84] YEE J, FERGUSON W. Sample selection model assessing professional scouting programs and pesticide use in cotton production [J]. Agribusiness, 1996, 12（3）: 291–300.

[85] ZHANG X, LI G. Does Guangxi matter to nonfarm employment? [J].

Journal of comparative economics, 2003, 31（2）:315–331.

[86] AJZEN I. From intentions to actions: a theory of planned behavior [M]. Berlin :Springer, 1985:1–3.

[87] 蔡荣，韩洪云 . 农业专业合作社对农户农药施用的影响及作用机制分析 [J]. 中国农业大学学报，2012（5）:196–202.

[88] 蔡书凯 . 经济结构、耕地特征与病虫害绿色防控技术采纳的实证研究 [J]. 中国农业大学学报，2013（4）:208–215.

[89] 曾明彬，周超文 . 社会网络理论在技术传播研究中的应用 [J]. 甘肃行政学院学报，2010（6）: 44–49.

[90] 储成兵，李平 . 农户对转基因生物技术的认知及采纳行为实证研究：以种植转基因 Bt 抗虫棉为例 [J]. 财经论丛，2013 （1）: 83–87.

[91] 褚彩虹，冯淑怡，张蔚文 . 农户采用环境友好型农业技术行为的实证分析 [J]. 中国农村经济，2012（3）:68–77.

[92] 傅新红 . 中国农业品种技术创新研究 [D]. 重庆：西南农业大学，2004.

[93] 高春雨，高懋芳 . 旱地测土配方施肥温室气体减排碳交易量核算 [J]. 农业工程学报， 2016, 32（12）: 212–219.

[94] 葛继红，周曙东，朱红根 . 农户采用环境友好型技术行为研究：以配方施肥技术为例 [J]. 农业技术经济，2010 （9）: 57–63.

[95] 韩军辉，李艳军 . 农户获知种子信息主渠道以及采用行为分析：以湖北省谷城县为例 [J]. 农业技术经济，2005 （1）: 31–35.

[96] 何子文，李鹏玉 . 原有耕作经验对农户技术采用行为的影响分析 [J]. 中国科技论坛，2006（6）:121–125.

[97] 胡海华．社会网络强弱关系对农业技术扩散的影响 [J]．华中农业大学学报（社会科学版），2016（5）:47–54.

[98] 胡瑞法，黄季焜，袁飞．技术扩散的内在动因：水稻优良品种的扩散模型及其影响因素分析 [J]．农业技术经济，1994（4）:37–41.

[99] 黄季焜，罗斯高．中国水稻的生产潜力、消费与贸易 [J]．中国农村经济，1996（4）:21–27.

[100] 黄武．农户对有偿技术服务的需求意愿及其影响因素分析：江苏省种植业为例 [J]．中国农村观察，2010（2）: 54–62.

[101] 黄玉祥，韩文霆，周龙，等．农户节水灌溉技术认知及其影响因素分析 [J]．农业工程学报，2012, 28（18）: 113–120.

[102] 黄宗智．长江三角洲的小农家庭与乡村发展 [M]．北京：中华书局，1992.

[103] 霍治国，李茂松，李娜，等．季节性变暖对中国农作物病虫害的影响 [J]．中国农业科学，2012（11）: 68–79.

[104] 巨晓棠，谷保静．我国农田氮肥施用现状、问题及趋势 [J]．植物营养与肥料学报，2014（4）: 783–795.

[105] 孔祥智，方松海，庞晓鹏，等．西部地区农户禀赋对农业技术采纳的影响分析 [J]．经济研究，2004（12）: 85–95.

[106] 旷宗仁，梁植睿，左停．我国农业科技推广服务过程与机制分析 [J]．科技进步与对策，2011，28（21）: 26–30.

[107] 李丹，刘红梅，何海永，等．水稻病虫害绿色防控技术的防效评估 [J]．贵州农业科学，2012, 40（7）: 123–128.

[108] 李丰．稻农节水灌溉技术采用行为分析：以干湿交替灌溉技（AWD）

为例［J］. 农业技术经济，2015（11）:53-61.

［109］李光明，徐秋艳. 影响干旱区农户采用先进农业技术的因素分析［J］. 统计与信息论坛，2012, 27（2）: 94-98.

［110］李莎莎，朱一鸣，马骥. 农户对测土配方施肥技术认知差异及影响因素分析：基于 11 个粮食主产省 2172 户农户的调查［J］. 统计与信息论坛，2015, 30（7）: 94-100.

［111］李伊梅，刘永功. 社会网络与农村社区技术创新的扩散效率：来自一个村庄的观察［J］. 农村经济与科技，2007（3）: 52-53.

［112］廖西元，陈庆根，王磊，等. 农户对水稻科技需求优先序［J］. 中国农村经济，2004（11）:36-43.

［113］林毅夫，沈明高. 我国农业科技投入选择的探析［J］. 农业经济问题，1991（7）: 9-13.

［114］林毅夫. 中国农业在要素市场交换受到禁止下的技术选择［M］. 上海：上海人民出版社，1994.

［115］刘道贵. 实施棉 IPM 项目对池州市贵池区棉花生产及棉农行为的影响［J］. 现代农业科技，2005（1）: 51-52.

［116］刘芬，李献军，王小英，等. 陕西省主要农作物测土施肥效益分析［J］. 干旱地区农业研究，2016（2）: 136-140.

［117］ 刘光俊. 我国生态农业发展的财政政策选择探析［J］. 山东经济，2008（1）: 106-110.

［118］刘红梅，王克强，黄智俊. 我国农户学习节水灌溉技术的实证研究：基于农户节水灌溉技术行为的实证分析［J］. 农业经济问题，2008（4）: 19-25+108.

［119］刘万利，齐永家，吴秀敏．养猪农户采用安全兽药行为的意愿分析：以四川为例［J］．农业经济问题，2007（1）:80-87.

［120］刘洋，熊学萍，刘海清，等．农户绿色防控技术采纳意愿及其影响因素研究［J］．中国农业大学学报，2015（4）:263-271.

［121］陆文聪，余安．浙江省农户采用节水灌溉技术意愿及其影响因素［J］．中国科技论坛，2011（11）: 136-142.

［122］罗小娟，冯淑怡，石晓平，等．太湖流域农户环境友好型技术采纳行为及其环境和经济效应评价：以测土配方施肥技术为例［J］．自然资源学报，2013, 28（11）: 1891-1902.

［123］满明俊，周民良，李同昇．农户采用不同属性技术行为的差异分析：基于陕西、甘肃、宁夏的调查［J］．中国农村经济，2010（2）:68-78.

［124］米建伟，黄季焜，陈瑞剑，等．风险规避与中国棉农的农药施用行为［J］．中国农村经济，2012（7）:60-72.

［125］欧高财，郑和斌，尹惠平，等．水稻病虫害专业化统防统治与绿色防控融合推进的实践［J］．中国植保导刊，2014, 34（3）: 71-72.

［126］钱加荣，穆月英，陈阜，等．我国农业技术补贴政策及其实施效果研究：以秸秆还田补贴为例［J］．中国农业大学学报，2011, 16（2）: 165-171.

［127］宋洪远．经济体制与农户行为：一个理论分析框架及其对中国农户问题的应用研究［J］．经济研究，1994（8）: 22-28.

［128］宋军，胡瑞法，黄季焜，等．农民的农业技术行为分析［J］．农业技术经济，1998（6）: 36-44.

［129］苏岳静，胡瑞法，黄季焜．农民抗虫棉技术选择行为及其影响因素

分析［J］. 棉花学报，2004（5）：259–264.

［130］汪三贵，刘晓展. 信息不完备条件下贫困农民接受新技术行为分析［J］. 农业经济问题，1996 （12）：31–36.

［131］王常伟，顾海英. 市场 VS 政府，什么力量影响了我国菜农农药用量的选择？［J］. 管理世界，2013（11）:50–66.

［132］王建华，马玉婷，李俏. 农业生产者农药施用行为选择与农产品安全［J］. 公共管理学报，2015（1）:117–126.

［133］王金霞，张丽娟. 保护性耕作技术对农业生产的影响：黄河流域的实证研究［J］. 管理评论，2010（6）：77–84.

［134］王静，霍学喜. 技术创新环境对苹果种植户技术认知影响研究［J］. 农业技术经济，2014（1）：31–41.

［135］王静，霍学喜. 果园精细管理技术的联立选择行为及其影响因素分析［J］. 南京农业大学学报（社会科学版），2012, 12（2）：58–67.

［136］王志刚，王嘉，阮刘青，等. 农户采用水稻轻简栽培技术的行为分析［J］. 农业技术经济，2007 （3） :102–107.

［137］吴比，刘俊杰，徐雪高，等. 农户组织化对农户技术采用的影响研究：基于 11 省 1022 个农户调查数据的实证分析［J］. 农业技术经济，2016（2）:25–33.

［138］吴乐，邹文涛. 中部生态脆弱地区农民对新技术采用意愿研究：基于中部六省生态脆弱地区 582 位农民的调查［J］. 生态经济，2011（5）：80–84.

［139］吴林海，侯博，高申荣. 基于结构方程模型的分散农户农药残留认知与主要影响因素分析［J］. 中国农村经济，2011（3）:35–47.

[140] 翁贞林. 农户理论与应用研究进展与述评 [J]. 农业经济问题, 2008 (8): 93-100.

[141] 谢立勇, 李悦, 钱凤魁, 等. 粮食生产系统对气候变化的响应: 敏感性与脆弱性 [J]. 中国人口·资源与环境, 2014, 24 (5): 25-30.

[142] 徐世艳, 李仕宝. 现阶段我国农民的农业技术需求影响因素分析[J]. 农业技术经济, 2009 (4):42-47.

[143] 徐勋华. 农民采用先进农业科技的制约因素分析 [J]. 湖南农业大学学报, 2001 (9): 22-24.

[144] 严文高. 农业废弃物循环利用技术采纳的农户响应及影响因素的实证研究 [D]. 武汉: 华中农业大学, 2013.

[145] 杨传喜, 张俊飚, 徐卫涛. 农户技术需求的优先序及影响因素分析: 以河南、山东等食用菌主产区种植户为例 [J]. 西北农林科技大学学报 (社会科学版), 2011, 11 (1): 41-47.

[146] 易甜, 胡定金, 龚艳, 等. 湖北部分地区柑橘农药残留情况调查与分析 [J]. 湖北农业科学, 2016 (16):5937-5939.

[147] 应瑞瑶, 徐斌. 农户采纳农业社会化服务的示范效应分析: 以病虫害统防统治为例 [J]. 中国农村经济, 2014 (8): 30-41.

[148] 余国新, 李孟华, 杨毅. 新疆番茄农户技术需求优先序及决策行为分析: 以新疆巴州农户调查为例 [J]. 科技管理研究, 2013 (16): 218-222.

[149] 喻永红, 张巨勇. 农户采用水稻 IPM 技术的意愿及其影响因素: 基于湖北省的调查数据 [J]. 中国农村经济, 2009 (11): 77-86.

[150] 喻永红, 韩洪云. 农民健康危害认知与保护性耕作措施采用: 对

湖北省稻农 IPM 采用行为的实证分析［J］. 农业技术经济，2012（2）:54–62.

［151］张成玉，肖海峰 . 我国测土配方施肥技术增收节支效果研究：基于江苏、吉林两省的实证分析［J］. 农业技术经济，2009（3）: 44–51.

［152］张东风 . 农户水稻良种购买意愿影响因素分析：［D］. 南京：南京农业大学，2008.

［153］张广胜 . 市场经济条件下的农户经济行为研究［J］. 调研世界，1999（3）: 25–26.

［154］张希仁 . 农户行为与农业两个根本性转变［J］. 经济评论，1998（2）: 77–80.

［155］赵肖柯，周波 . 种稻大户对农业新技术认知的影响因素分析：基于江西省 1077 户农户的调查［J］. 中国农村观察，2012,（4）: 29–36.

［156］周波，于冷 . 国外农户现代农业技术应用问题研究综述［J］. 首都经济贸易大学学报，2010（5）:94–100.

［157］周宁馨，何莉莉，王志刚 . 农户对病虫害综合防治技术的行为选择：基于辽宁省蔬菜产地的问卷调查［J］. 农业展望，2014（7）: 56–61.

［158］朱淀，孔霞，顾建平 . 农户过量施用农药的非理性均衡：来自中国苏南地区农户的证据［J］. 中国农村经济，2014（8）:17–29.

［159］朱萌，齐振宏，罗丽娜，等 . 基于 Probit–ISM 模型的稻农农业技术采用影响因素分析：以湖北省 320 户稻农为例［J］. 数理统计与管理，2016, 35（1）: 11–23.

［160］朱明芬，李南田 . 农户采用农业新技术的行为差异及对策研究［J］.

农业技术经济，2001（2）:26-30.

[161] 朱希刚，赵绪福. 贫困山区农业技术采用的决定因素分析 [J]. 农业技术经济，1995（5）:18-26.

[162] 祝华军，田志宏. 稻农采用低碳技术措施意愿分析：基于南方水稻产区的调查 [J]. 农业技术经济，2013（3）: 62-71.

[163] 庄丽娟，贺梅英. 我国荔枝主产区农户技术服务需求意愿及影响因素分析 [J]. 农业经济问题，2010（11）: 61-66.